电梯工程制图习题集

主 编 张 颖
副主编 刘 枫 王扣建 朱年华

苏州大学出版社

图书在版编目(CIP)数据

电梯工程制图习题集 / 张颖主编. —苏州：苏州大学出版社,2022.6
 ISBN 978-7-5672-3924-1

Ⅰ.①电… Ⅱ.①张… Ⅲ.①电梯—工程制图—高等学校—习题集 Ⅳ.①TH211-44

中国版本图书馆 CIP 数据核字(2022)第 063425 号

书　　名：	电梯工程制图习题集
主　　编：	张　颖
责任编辑：	征　慧
装帧设计：	吴　钰
出版发行：	苏州大学出版社(Soochow University Press)
社　　址：	苏州市十梓街1号　邮编：215006
网　　址：	www.sudapress.com
邮　　箱：	sdcbs@suda.edu.cn
印　　装：	常州市武进第三印刷有限公司
邮购热线：	0512-67480030　销售热线：0512-67481020
网店地址：	https://szdxcbs.tmall.com/(天猫旗舰店)
开　　本：	787 mm×1 092 mm　1/16　印张：13.5　字数：216千
版　　次：	2022年6月第1版
印　　次：	2022年6月第1次印刷
书　　号：	ISBN 978-7-5672-3924-1
定　　价：	45.00元

凡购本社图书发现印装错误,请与本社联系调换。服务热线：0512-67481020

前 言

本习题集根据《教育部关于加强高职高专教育人才培养工作的意见》和教高司印发的《关于加强高职高专教育教材建设的若干意见》的精神,结合高职高专电梯工程类人才培养目标和多年教学经验编写而成。

本习题集的特点有:

1. 内容的编排顺序与配套的教材体系保持一致。

2. 根据高等职业教育的培养目标和特点,结合专业特色,注重以应用为主,理论联系实际,读图与画图相辅相成,着力培养和提高学生的识图和绘图技能。

3. 结合教学实际,以必需、够用为度,对偏而深的画法几何、立体表面交线、轴测图等内容降低了要求,并适当进行了删减。

4. 精选习题,习题难度由易到难,由浅入深,帮助学生逐步建立空间思维能力,提高尺规作图能力。

5. 注重对学生实践能力的培养,项目六中选用的电梯土建布置图均来自企业实际案例,以适应生产一线对应用型人才的要求。

本习题集由南通科技职业学院张颖担任主编,刘枫、王扣建、朱年华担任副主编,高利平、袁卫华、贾宁宁、黄小丽、高素琴、徐少华参与编写。在编写过程中,编者参阅了同类著作和资料,得到了南通科技职业学院各方面的支持和帮助,在此对相关人员表示衷心的感谢。

由于编者水平有限,习题集中难免存在疏漏和不足,欢迎读者批评指正。

编 者

目　录

项目一　初识制图

1-1　字体练习 …………………………………… 1

1-2　图线练习 …………………………………… 3

1-3　等分圆周，标准斜度、锥度 ……………… 5

1-4　圆弧连接 …………………………………… 7

1-5　绘制平面图形 ……………………………… 9

1-6　尺寸标注 …………………………………… 15

1-7　绘制平面图形综合练习 …………………… 19

项目二　三视图的绘制与识读

2-1　三视图及对应关系（一） ………………… 23

2-2　三视图及对应关系（二） ………………… 25

2-3　点的投影 …………………………………… 27

2-4　直线的投影 ………………………………… 29

2-5　平面的投影（一） ………………………… 31

2-6　平面的投影（二） ………………………… 33

2-7　平面立体练习（一） ……………………… 35

2-8　平面立体练习（二） ……………………… 37

2-9　曲面立体练习 ……………………………… 39

2-10　简单形体三视图（一） …………………… 41

2-11　简单形体三视图（二） …………………… 43

2-12　平面切割体（一） ………………………… 45

2-13　平面切割体（二） ………………………… 47

2-14　曲面切割体（一） ………………………… 49

2-15　曲面切割体（二） ………………………… 51

2-16　曲面切割体（三） ………………………… 53

2-17　相贯线（一） ……………………………… 55

2-18　相贯线（二） ……………………………… 57

2-19　组合体相邻表面连接关系（一） ………… 59

2-20　组合体相邻表面连接关系（二） ………… 61

2-21　组合体绘图（一） ………………………… 63

2-22	组合体绘图（二）	65
2-23	组合体绘图（三）	67
2-24	组合体绘图（四）	69
2-25	组合体尺寸标注（一）	71
2-26	组合体尺寸标注（二）	73
2-27	组合体读图（一）	75
2-28	组合体读图（二）	77
2-29	组合体读图（三）	79
2-30	组合体读图（四）	81
2-31	组合体读图（五）	83
2-32	组合体读图（六）	85
2-33	组合体读图（七）	87
2-34	组合体读图（八）	89

项目三　形体的表达方法

3-1	表达方法应用	91
3-2	向视图、局部视图和斜视图	93
3-3	局部视图和斜视图	95
3-4	剖视图	97
3-5	全剖视图（一）	99
3-6	全剖视图（二）	101
3-7	半剖视图（一）	103
3-8	半剖视图（二）	105
3-9	半剖视图（三）	107
3-10	局部剖视图（一）	109
3-11	局部剖视图（二）	111
3-12	单一剖切平面	113
3-13	几个平行的剖切平面（一）	115
3-14	几个平行的剖切平面（二）	117
3-15	几个相交的剖切平面（一）	119
3-16	几个相交的剖切平面（二）	121
3-17	断面图（一）	123
3-18	断面图（二）	125
3-19	剖视图简化画法	127
3-20	优化表达方案（一）	129
3-21	优化表达方案（二）	131

项目四　绘制常用件和标准件

| 4-1 | 螺纹画法 | 133 |
| 4-2 | 螺纹联接画法 | 135 |

4-3	螺纹标记的含义	137
4-4	螺纹标注（一）	139
4-5	螺纹标注（二）	141
4-6	螺栓、螺柱联接	143
4-7	螺纹联接	145
4-8	单个直齿圆柱齿轮	147
4-9	齿轮啮合	149
4-10	滚动轴承	151
4-11	键联接	153
4-12	销联接	155

项目五　绘制与识读零件图和装配图

5-1	零件表达方案（一）	157
5-2	零件表达方案（二）	159
5-3	零件图尺寸标注（一）	161
5-4	零件图尺寸标注（二）	163
5-5	极限与配合	165
5-6	标注表面粗糙度（一）	169
5-7	标注表面粗糙度（二）	171

5-8	几何公差	173
5-9	标注几何公差	175
5-10	识读零件图（一）	177
5-11	识读零件图（二）	179
5-12	识读零件图（三）	181
5-13	识读装配图	185
5-14	读夹线体装配图，并回答问题	189
5-15	读换向阀装配图，并回答问题	193

项目六　识读电梯和自动扶梯、自动人行道土建图

| 6-1 | 识读电梯土建布置图 | 197 |
| 6-2 | 比较电梯土建布置图的不同 | 205 |

项目一　初识制图

1-1　字体练习

字体工整笔画清晰间隔均匀排列整齐书写要求

技术制图尺寸圆角序号名称材料曳引机比例备注电梯对重轿厢绳

0123456789　abcdefghijklmnopqrstuvwxyz　ⅠⅡⅢⅣⅤⅥⅦⅧⅨⅩ

班级＿＿＿＿＿＿＿＿＿＿　姓名＿＿＿＿＿＿＿＿＿＿　学号＿＿＿＿＿＿＿＿＿＿

1-2 图线练习

1. 在指定位置处，照样画出各种图线。

2. 在指定位置处，照样画出下列图形。

班级_____ 姓名_____ 学号_____

1–3 等分圆周，标准斜度、锥度

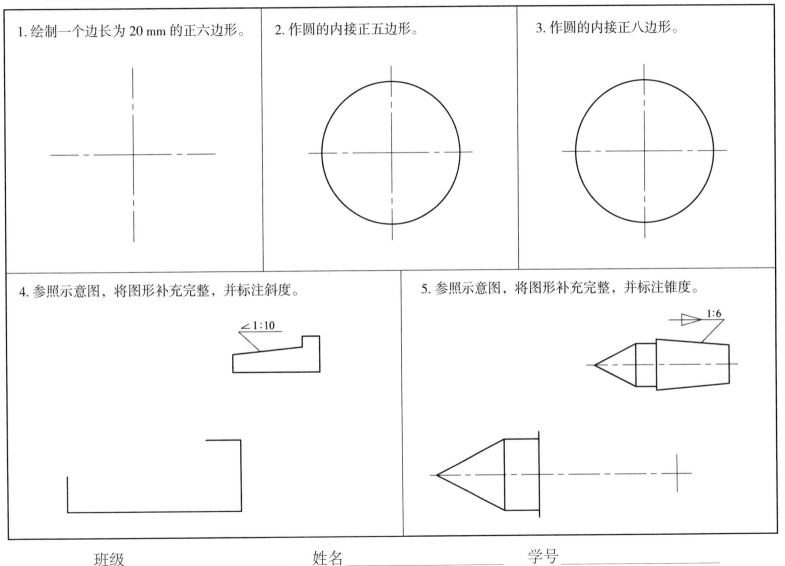

班级_____ 姓名_____ 学号_____

1-4　圆弧连接

1.按给定的尺寸作圆弧连接,并标出连接圆弧中心和切点。

(1)

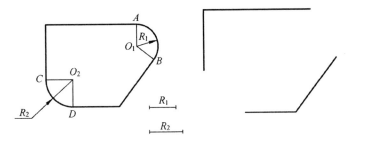

(2)

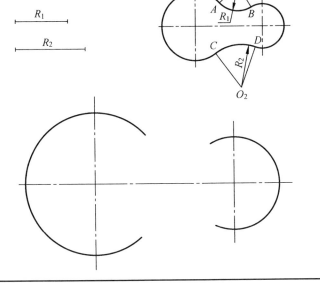

2.按给定尺寸完成图形。

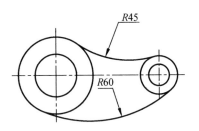

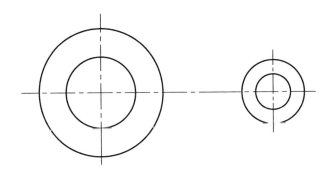

班级＿＿＿＿＿＿＿＿＿＿　姓名＿＿＿＿＿＿＿＿＿＿　学号＿＿＿＿＿＿＿＿＿＿

1-5 绘制平面图形
按1:1比例绘制平面图形。

(1)
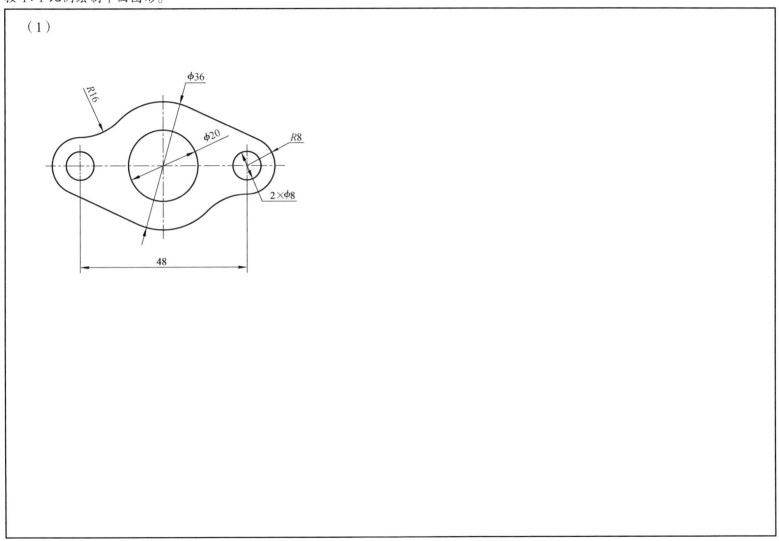

班级_____ 姓名_____ 学号_____

（续上页）

（2）

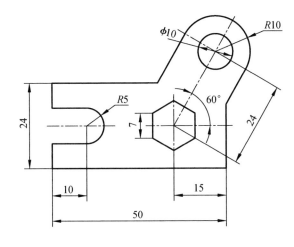

班级_____ 姓名_____ 学号_____

（续上页）

（3）

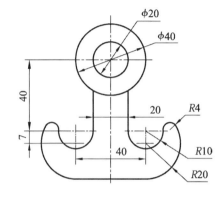

班级_____ 姓名_____ 学号_____

1–6 尺寸标注

1. 按 1∶1 比例标注下列圆、圆弧及角度的尺寸（尺寸数值从图中量取后取整数）。

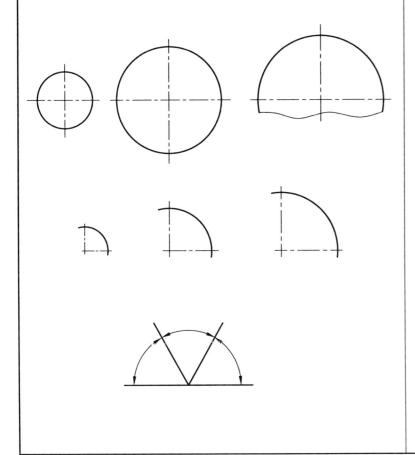

2. 按 1∶1 比例将下列图形的尺寸补充完整（尺寸数值从图中量取后取整数）。

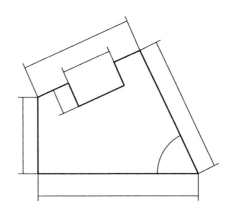

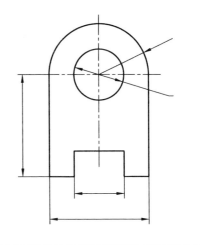

班级＿＿＿＿＿＿＿＿　姓名＿＿＿＿＿＿＿＿　学号＿＿＿＿＿＿＿＿

（续上页）

3. 找出左图中错误的尺寸标注，并在右图中进行正确的尺寸标注。

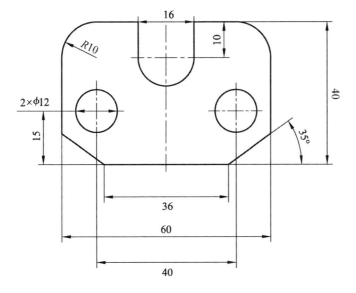
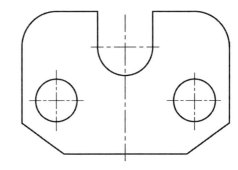

班级＿＿＿＿＿＿＿＿＿＿ 姓名＿＿＿＿＿＿＿＿＿＿ 学号＿＿＿＿＿＿＿＿＿＿

1-7 绘制平面图形综合练习
在 A4 图纸上绘制下列平面图形并标注尺寸，比例自定。

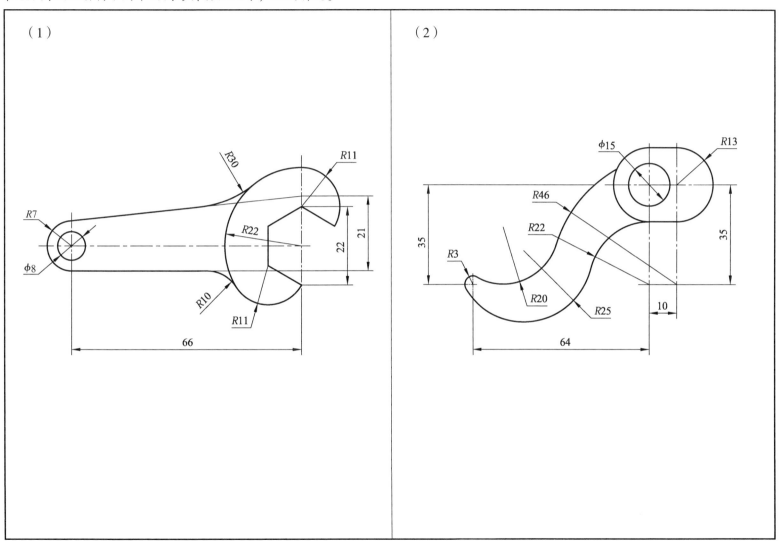

班级＿＿＿＿＿＿＿＿＿＿ 姓名＿＿＿＿＿＿＿＿＿＿ 学号＿＿＿＿＿＿＿＿＿＿

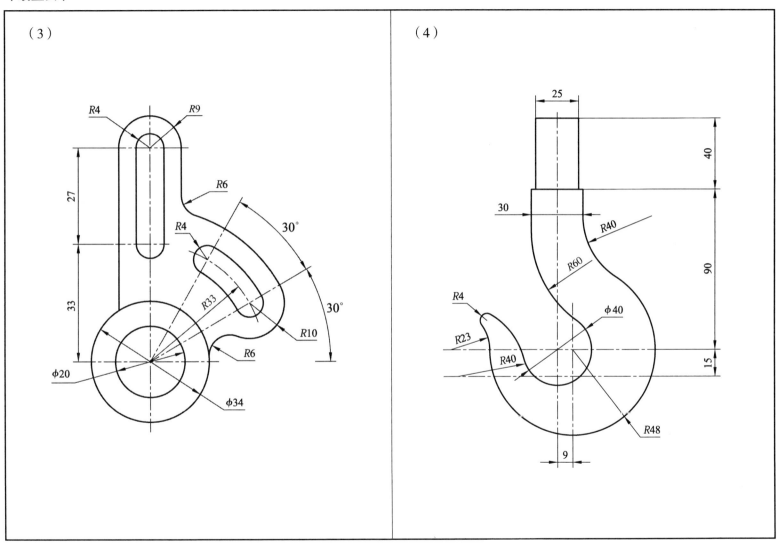

项目二 三视图的绘制与识读

2-1 三视图及对应关系（一）

根据三视图找出对应的立体图，在三视图右下方的括号内填上对应立体图的序号。

①　②　③　④　⑤　⑥

班级＿＿＿＿＿＿　姓名＿＿＿＿＿＿　学号＿＿＿＿＿＿

2-2 三视图及对应关系（二）

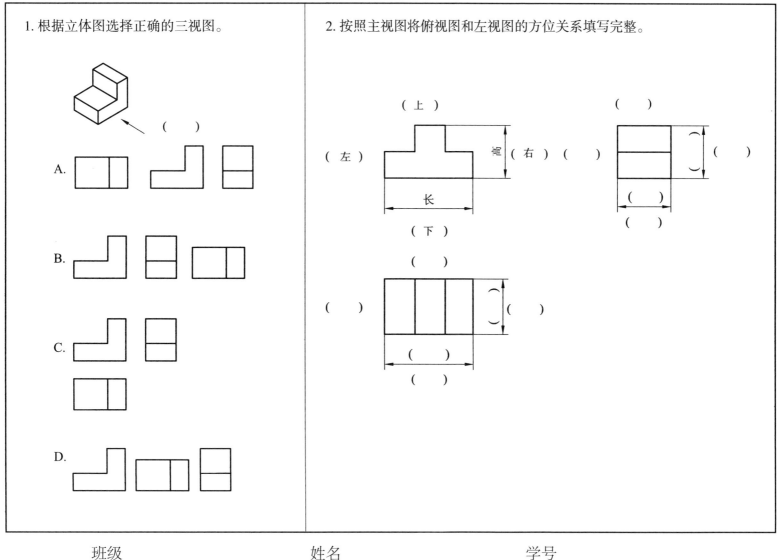

2-3 点的投影

1. 完成点的第三面投影。

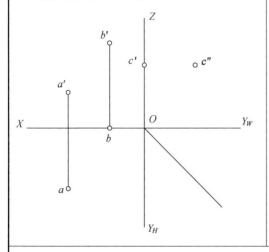

2. 已知点 B 在点 A 的正下方 12 mm 处，绘制点 B 的三面投影。

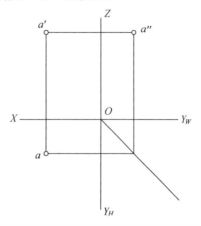

3. 已知点 C（10，20，15）、点 D（20，0，10），作出其三面投影。

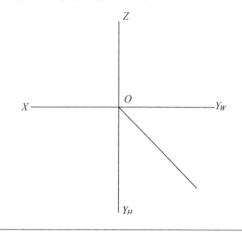

4. 已知点 B 在点 A 的左方 15、前方 8、下方 10，求作点 B 的三面投影和直观图。

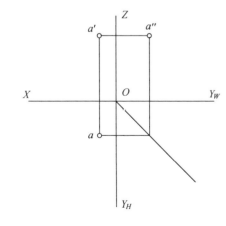
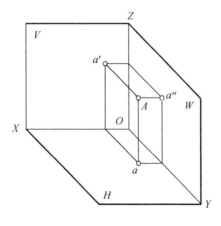

5. 判断各重影点的相对位置。

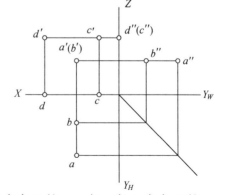

点 A 在点 B 的 ___ 方，点 D 在点 C 的 ___ 方。

班级_____ 姓名_____ 学号_____

2-4 直线的投影

1. 求作下列各直线的第三面投影，并判断直线的空间位置。

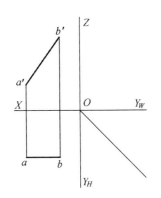 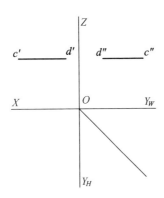 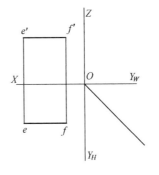 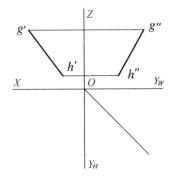

AB 是 _____ 线　　　　CD 是 _____ 线　　　　EF 是 _____ 线　　　　GH 是 _____ 线

2. （1）点 B 距 V 面 12 mm。　　（2）点 B 距 H 面 5 mm。

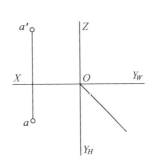

3. 参照立体图，补画左视图中所缺的线，标出各直线的三面投影，并说明各是什么位置直线。

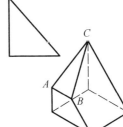

AB 是 _____ 线

BC 是 _____ 线

AC 是 _____ 线

班级 _____　　姓名 _____　　学号 _____

2–5 平面的投影（一）

1. 根据下列平面图形的两面投影，求作第三面投影，并判断平面的空间位置。

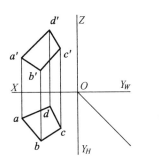 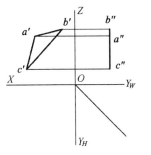 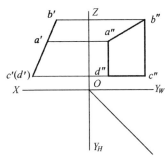

平面是_____面　　平面是_____面　　平面是_____面　　平面是_____面

2. 根据立体图，在投影图中标出各平面的三面投影，并说明它们各是什么位置平面。

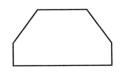

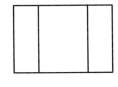 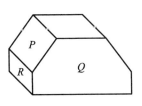

面 P 是_____面，面 Q 是_____面，面 R 是_____面。

3. 根据立体图，在投影图中标出各平面的三面投影，并说明它们各是什么位置平面。

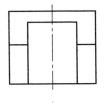

 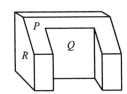

面 P 是_____面，面 Q 是_____面，面 R 是_____面。

班级_____　姓名_____　学号_____

2-6 平面的投影（二）

1. 根据立体图，在投影图中标出各平面的三面投影，并说明它们各是什么位置平面。

（1）

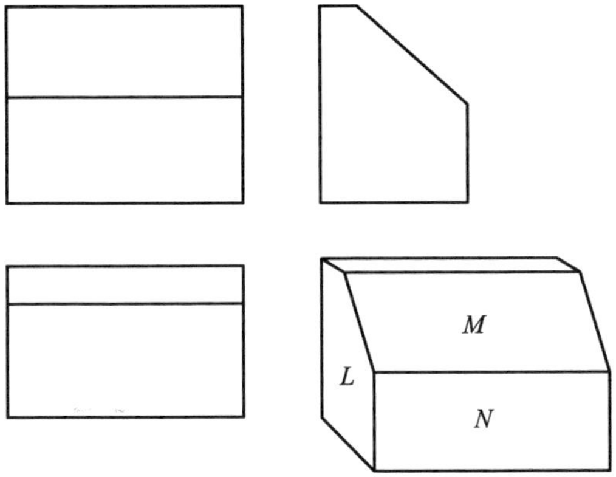

面 M 是 ____ 面，面 N 是 ____ 面，面 L 是 ____ 面。

（2）

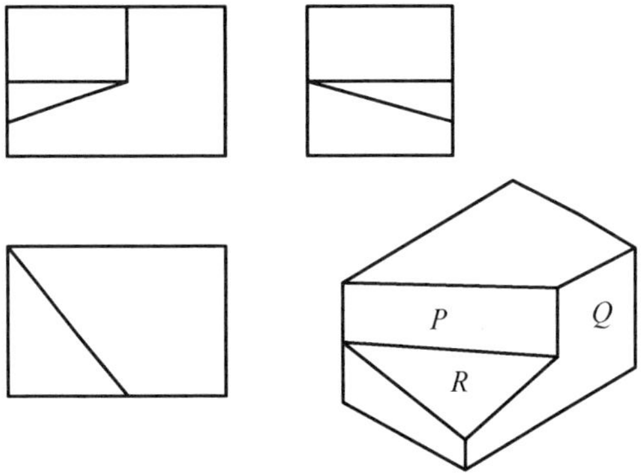

面 P 是 ____ 面，面 Q 是 ____ 面，面 R 是 ____ 面。

3. 判断点 K 是否在平面 ABCD 上。

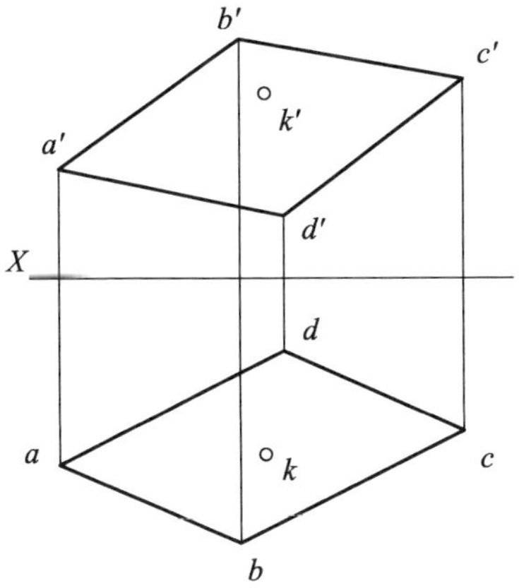

4. 求平面 ABC 上点 K 的水平投影。

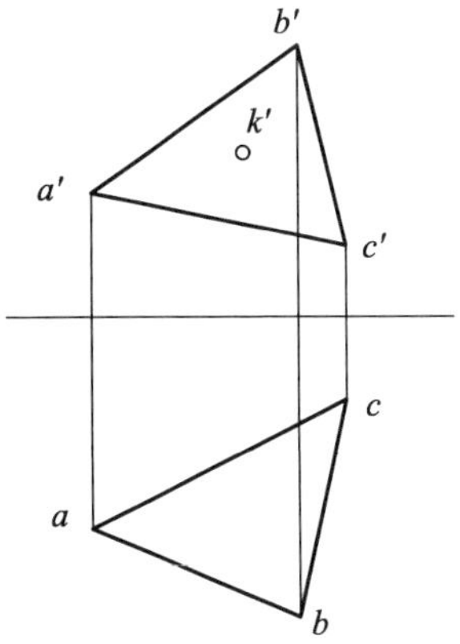

5. 补全四边形 ABCD 的正面投影。

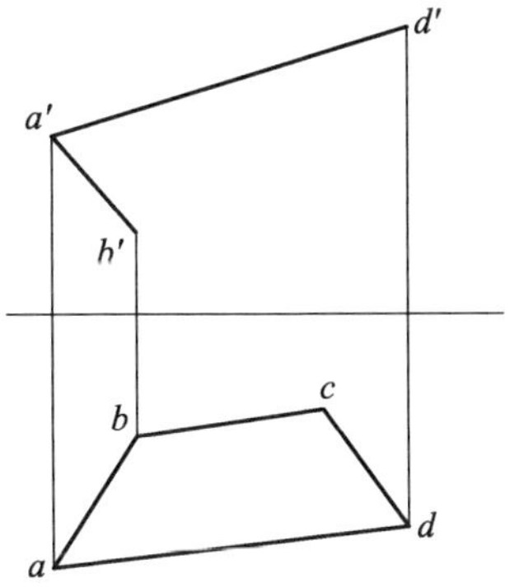

班级_____ 姓名_____ 学号_____

2-7 平面立体练习（一）

完成平面立体的三视图，并作出表面上给定点的另两面投影。

(1)

(2)

(3)

(4)

班级_____ 姓名_____ 学号_____

2-8 平面立体练习（二）

完成平面立体的三视图，并作出表面上给定点的另两面投影。

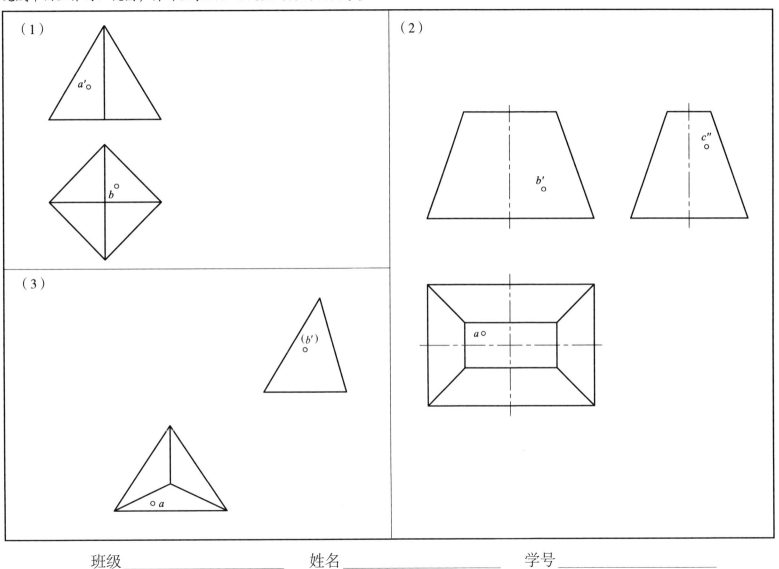

2-9 曲面立体练习

完成曲面立体的三视图，并作出表面上给定点的另两面投影。

(1)

(2)

(3)

(4)

班级＿＿＿＿＿＿＿＿　　姓名＿＿＿＿＿＿＿＿　　学号＿＿＿＿＿＿＿＿

39

2-10 简单形体三视图（一）

已知两视图，想象立体形状，画出第三视图。

（1）

（2）

（3）

（4）

（5）

（6）

班级＿＿＿＿＿＿＿＿＿＿＿＿ 姓名＿＿＿＿＿＿＿＿＿＿＿＿ 学号＿＿＿＿＿＿＿＿＿＿＿＿

2-11 简单形体三视图（二）

已知两视图，想象立体形状，画出第三视图。

（1）

（2）

（3）

（4）

（5）

（6）

班级＿＿＿＿＿＿＿＿＿＿　　姓名＿＿＿＿＿＿＿＿＿＿　　学号＿＿＿＿＿＿＿＿＿＿

2-12 平面切割体（一）

完成平面立体被切割后的三面投影。

（1）

（2）

（3）

（4）

班级＿＿＿＿＿＿＿＿＿＿ 姓名＿＿＿＿＿＿＿＿＿＿ 学号＿＿＿＿＿＿＿＿＿＿

2-13 平面切割体（二）
完成平面立体被切割后的三面投影。

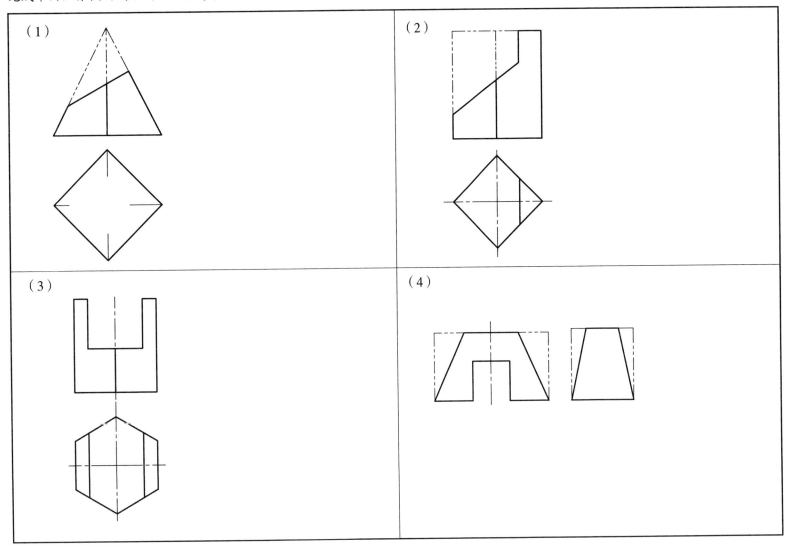

2-14 曲面切割体（一）

完成圆柱被切割后的三面投影。

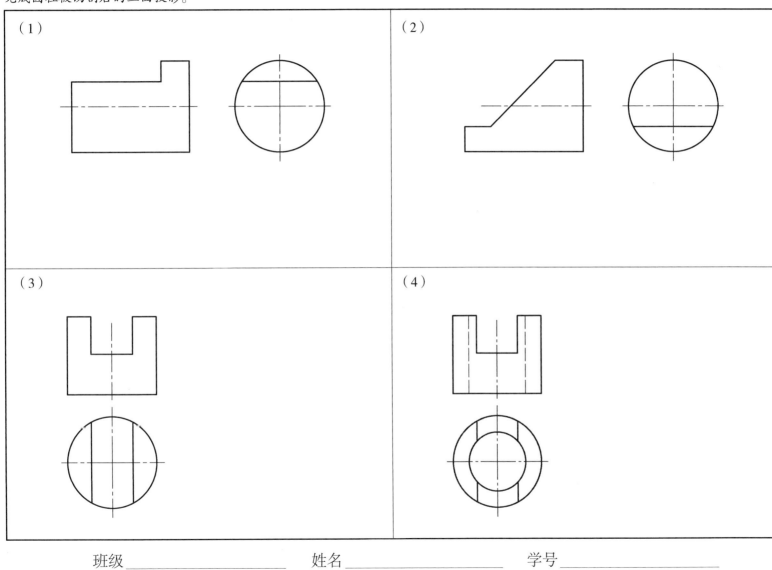

班级_____ 姓名_____ 学号_____

2-15 曲面切割体（二）
完成圆柱被切割后的三面投影。

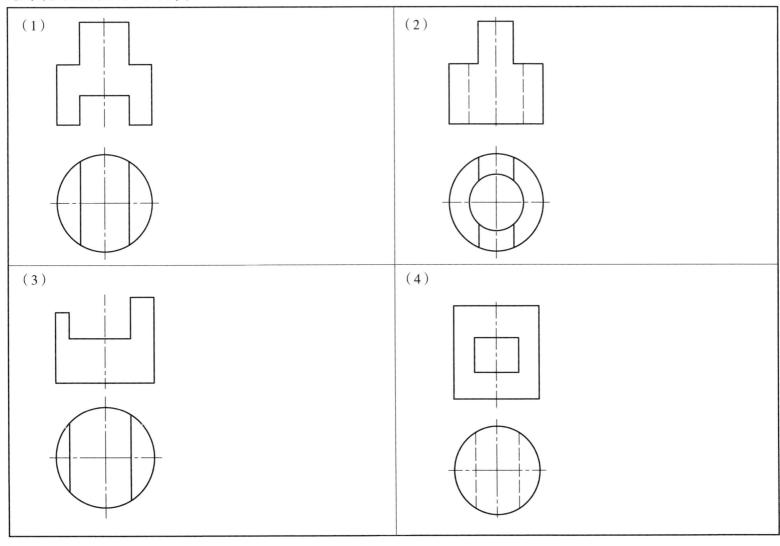

2-16 曲面切割体（三）

完成圆锥、圆球被切割后的三面投影。

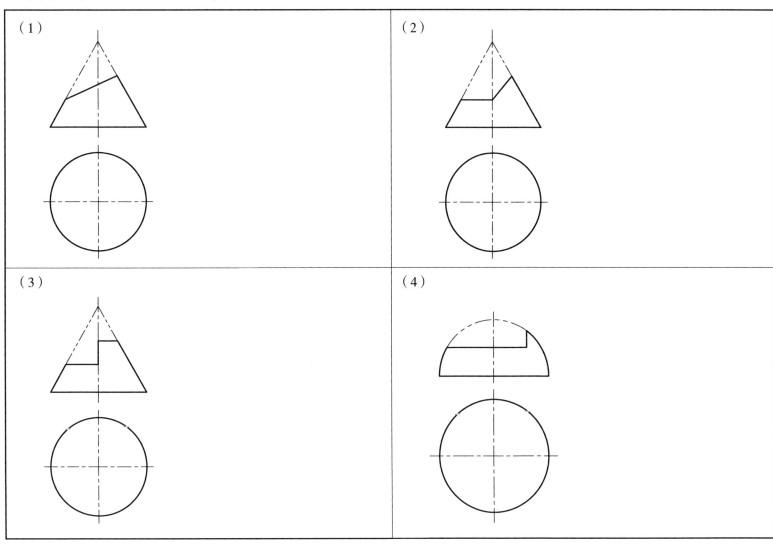

班级_____ 姓名_____ 学号_____

2-17 相贯线（一）
完成下列形体的相贯线投影。

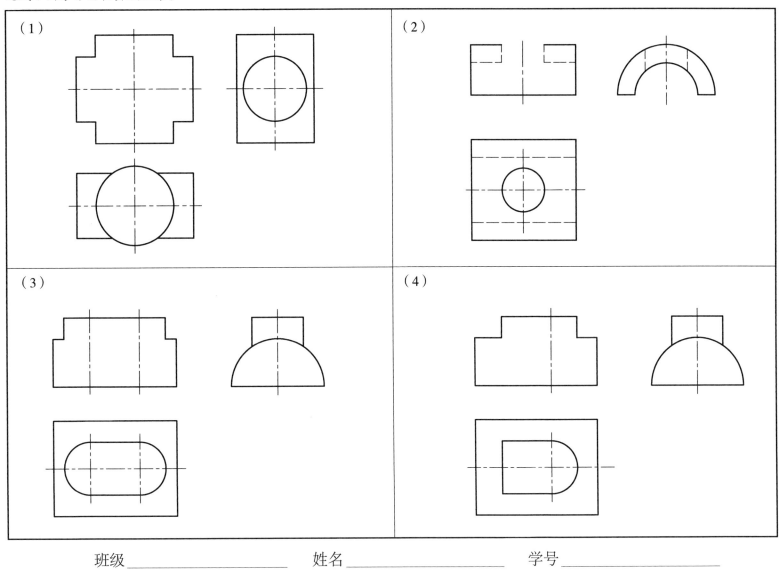

班级＿＿＿＿＿＿＿＿＿＿＿＿ 姓名＿＿＿＿＿＿＿＿＿＿＿＿ 学号＿＿＿＿＿＿＿＿＿＿＿＿

2–18 相贯线（二）
完成下列形体的相贯线投影。

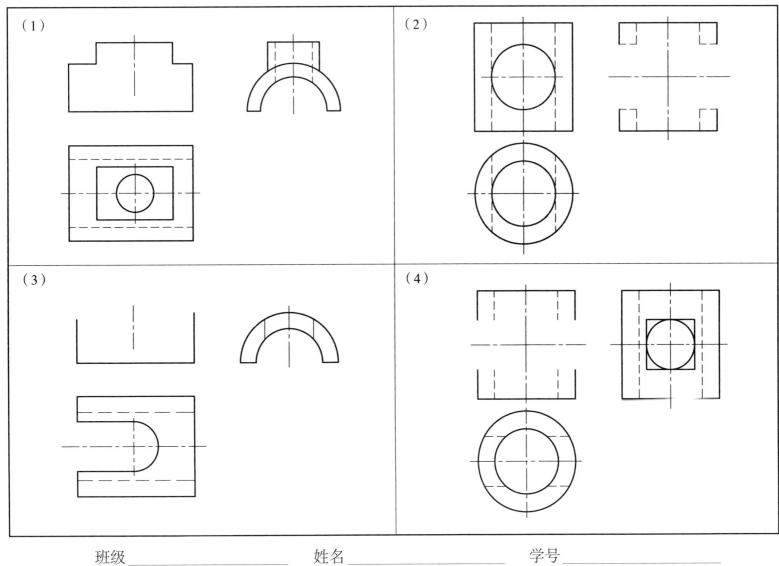

班级_____ 姓名_____ 学号_____

2-19 组合体相邻表面连接关系（一）
补画视图中所缺的图线。

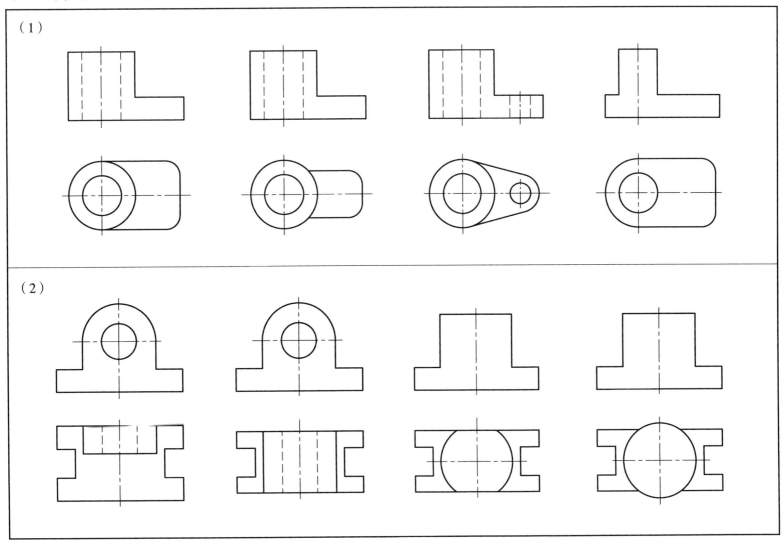

（1）

（2）

班级_____ 姓名_____ 学号_____

2-20 组合体相邻表面连接关系（二）
参照立体图，补画视图中所缺的图线。

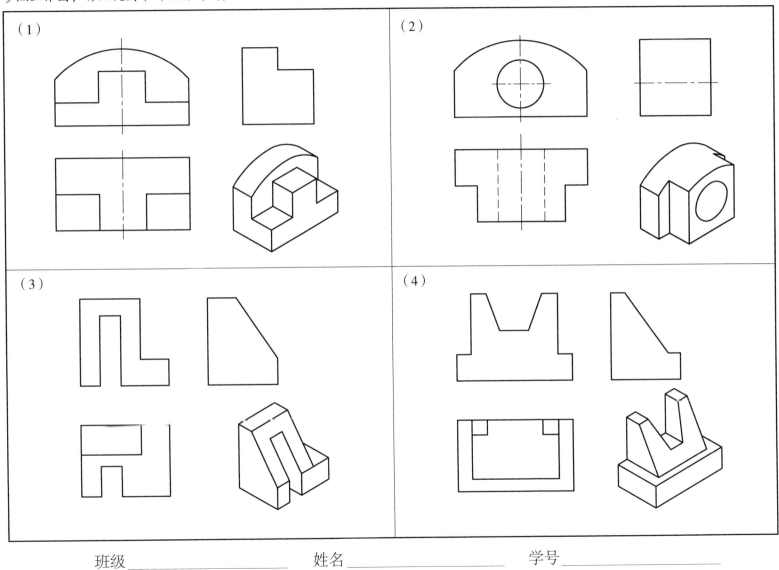

2-21 **组合体绘图（一）**

根据立体图，按1:1比例画组合体的三视图。

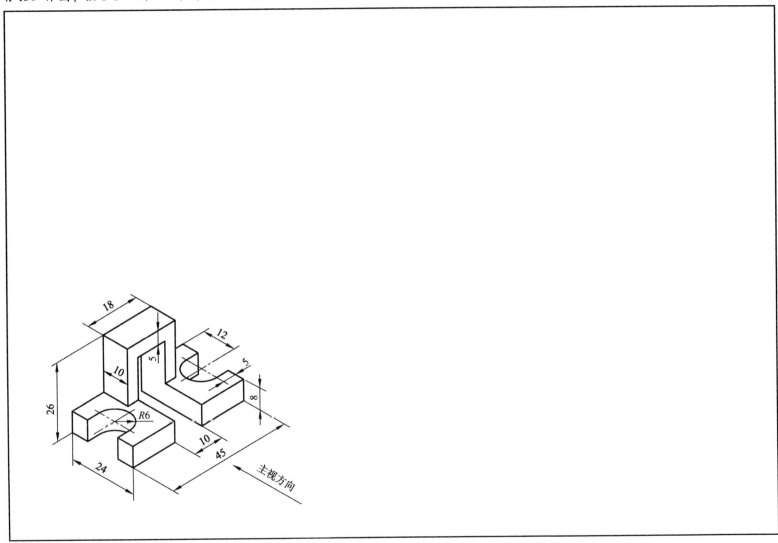

班级_____ 姓名_____ 学号_____

2-22 组合体绘图（二）

根据立体图，按1:1比例画组合体的三视图。

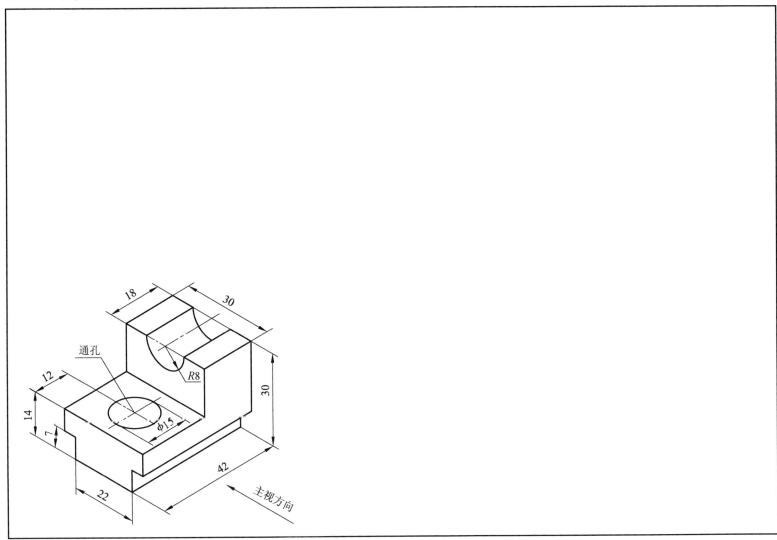

班级_____ 姓名_____ 学号_____

2-23 **组合体绘图（三）**

根据立体图，按1:1比例画组合体的三视图。

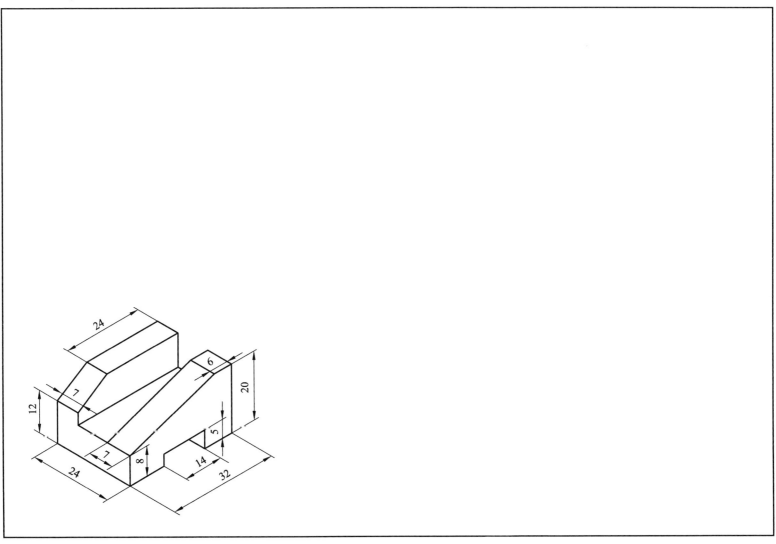

班级＿＿＿＿＿＿＿＿＿＿　姓名＿＿＿＿＿＿＿＿＿＿　学号＿＿＿＿＿＿＿＿＿＿

2-24 **组合体绘图（四）**

根据立体图，按1:1比例画组合体的三视图。

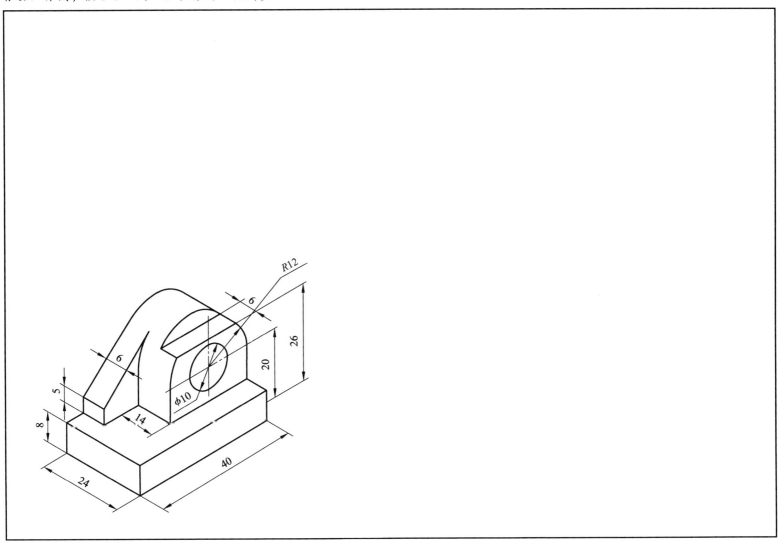

班级_____ 姓名_____ 学号_____

2-25 组合体尺寸标注（一）

将视图中尺寸标注完整（尺寸数值按1:1比例在图中量取整数）。

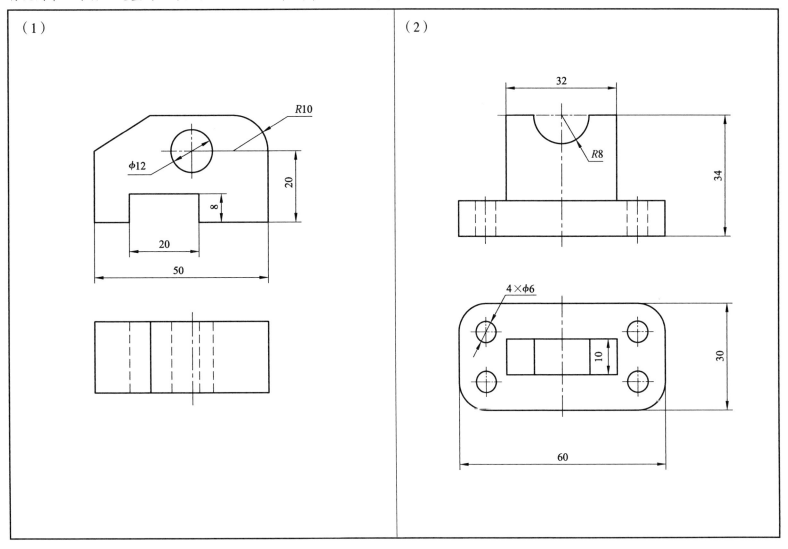

班级_____ 姓名_____ 学号_____

2-26 组合体尺寸标注（二）
标注下列组合体的尺寸（尺寸数值按1:1比例在图中量取整数）。

(1)

(2)

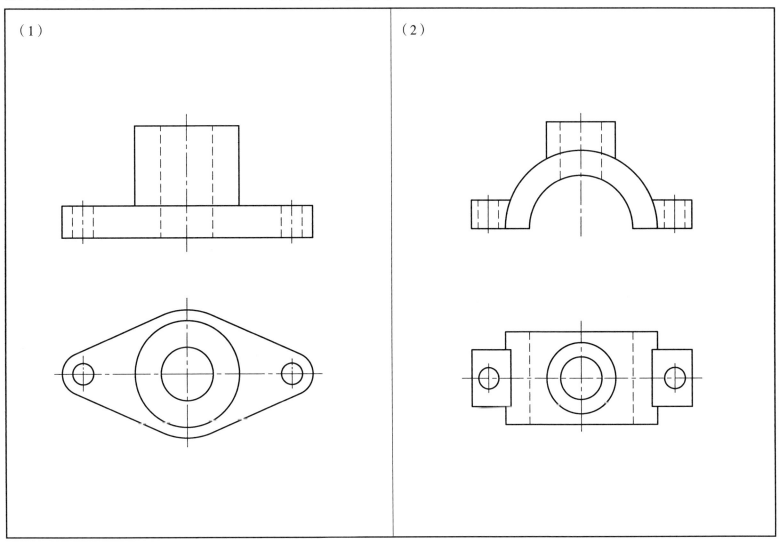

班级＿＿＿＿＿＿＿＿　姓名＿＿＿＿＿＿＿＿　学号＿＿＿＿＿＿＿＿

2-27 组合体读图（一）

根据已知两视图，补画第三视图。

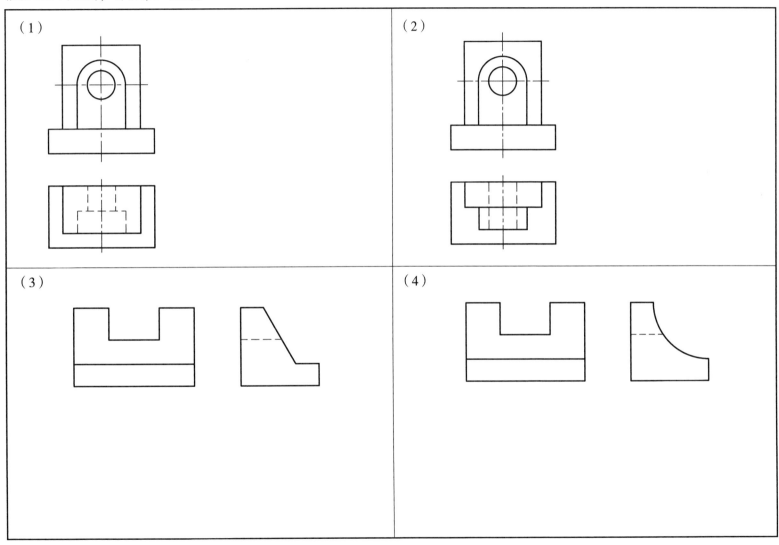

（1）　（2）　（3）　（4）

班级＿＿＿＿＿＿＿＿＿＿　姓名＿＿＿＿＿＿＿＿＿＿　学号＿＿＿＿＿＿＿＿＿＿

2-28 组合体读图（二）
根据已知两视图，补画第三视图。

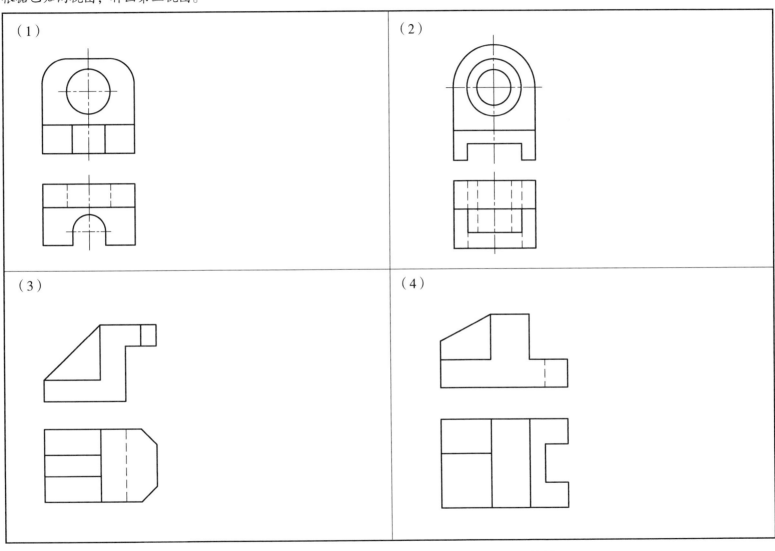

班级＿＿＿＿＿＿＿＿＿＿ 姓名＿＿＿＿＿＿＿＿＿＿ 学号＿＿＿＿＿＿＿＿＿＿

2-29 组合体读图（三）
根据已知两视图，补画第三视图。

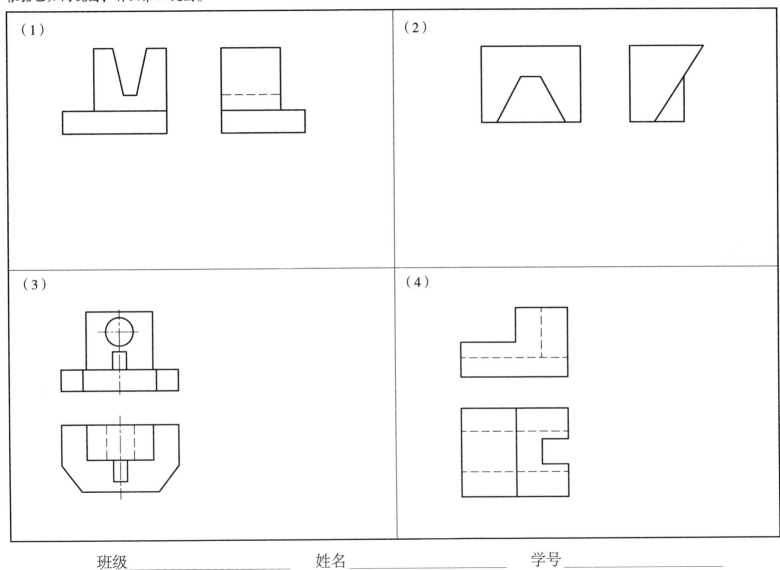

班级_____ 姓名_____ 学号_____

2-30 组合体读图（四）

根据已知两视图，补画第三视图。

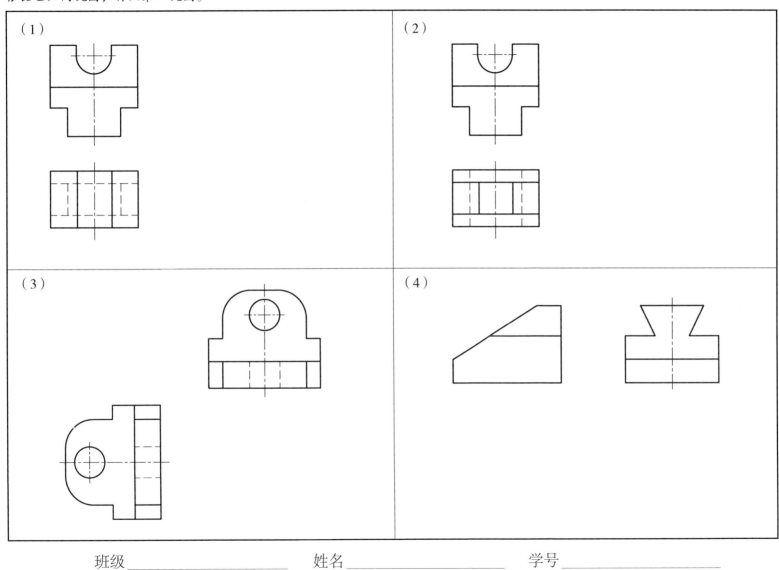

班级_____ 姓名_____ 学号_____

2-31 组合体读图（五）

补画视图中所缺的图线。

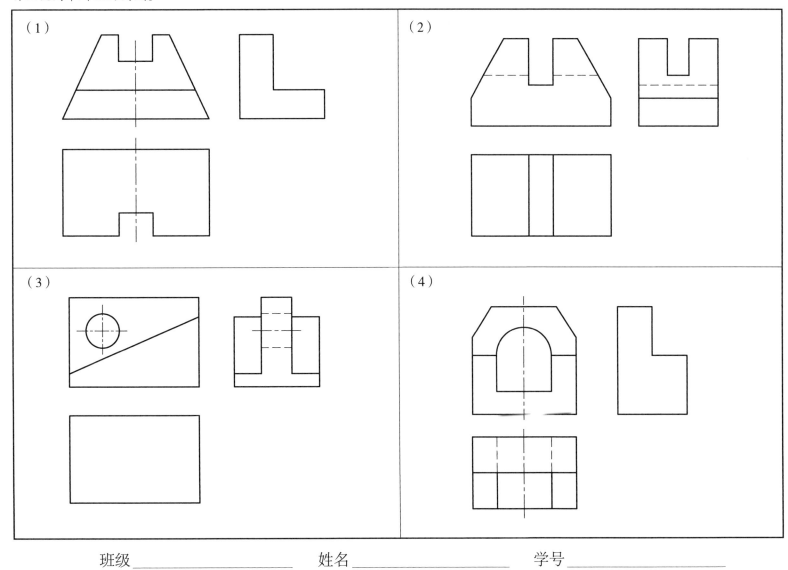

2-32 组合体读图（六）

已知主、俯视图，找出对应的左视图。

序号	①	②	③	④	⑤	⑥	⑦
主视图							
俯视图							
对应序号							
左视图							

班级_____ 姓名_____ 学号_____

2-33 组合体读图（七）

已知主、俯视图，补画左视图。

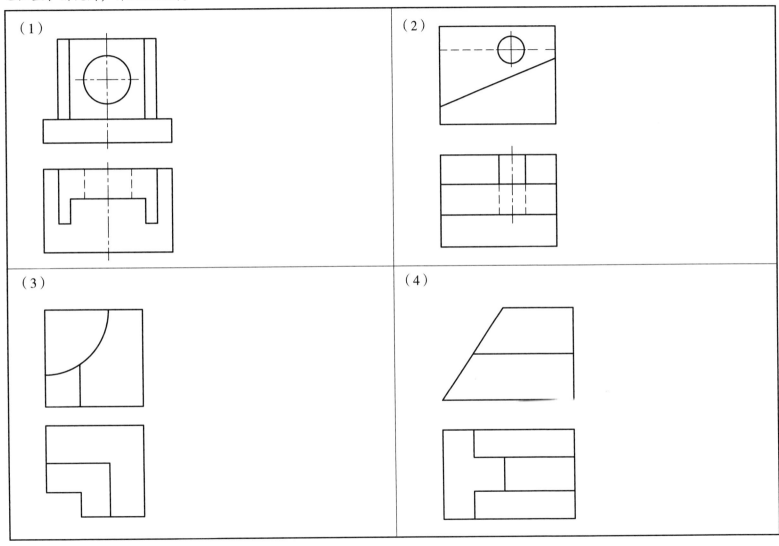

班级_____ 姓名_____ 学号_____

2-34 组合体读图（八）

已知主、俯视图，补画左视图。

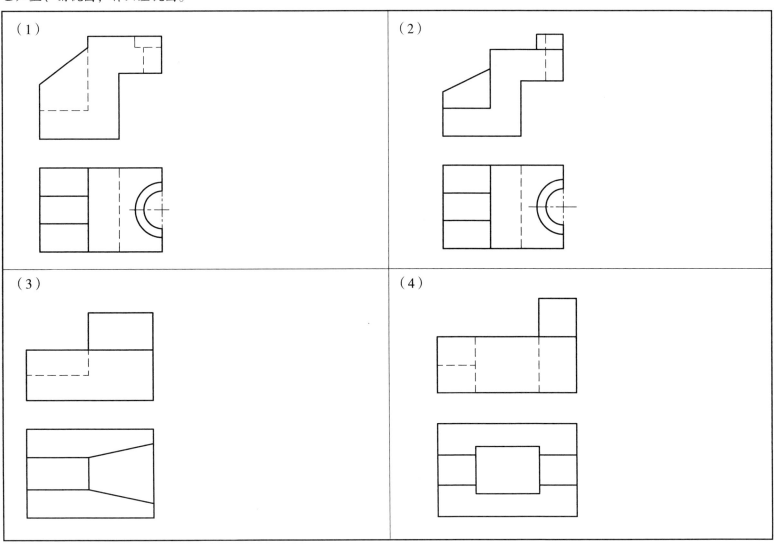

（1） （2） （3） （4）

班级_____ 姓名_____ 学号_____

3-1 表达方法应用
根据主、俯、左视图，补画右、仰、后视图。

项目三　形体的表达方法

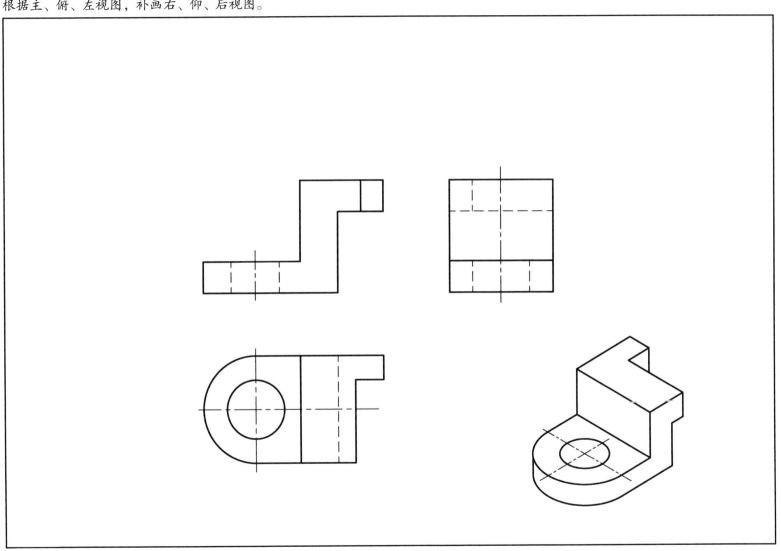

班级＿＿＿＿＿＿＿＿　姓名＿＿＿＿＿＿＿＿　学号＿＿＿＿＿＿＿＿

3-2 向视图、局部视图和斜视图

1. 在指定位置画出 A、B、C 向视图。

2. 根据主视图，对照立体图，补画斜视图和局部视图。

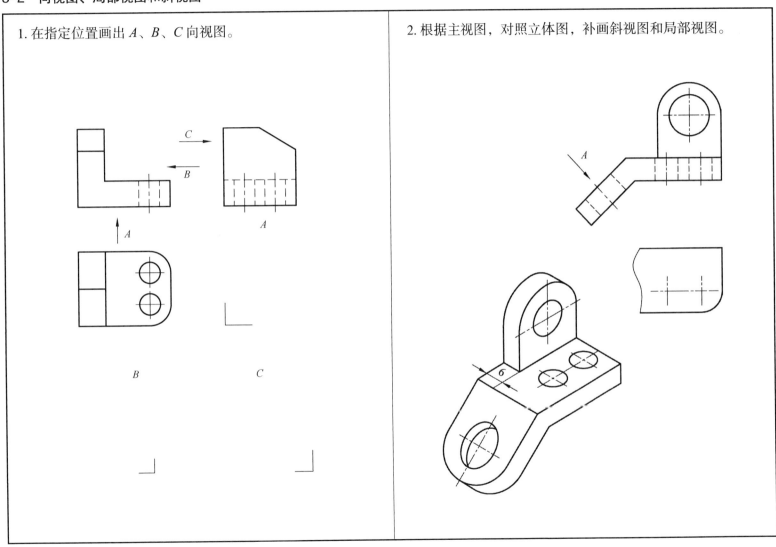

班级＿＿＿＿＿＿　姓名＿＿＿＿＿＿　学号＿＿＿＿＿＿

3-3 局部视图和斜视图

1. 在指定位置补画出 A 局部视图和 B 斜视图。

2. 找出斜视图标注中的错误，并在下图中正确标注。

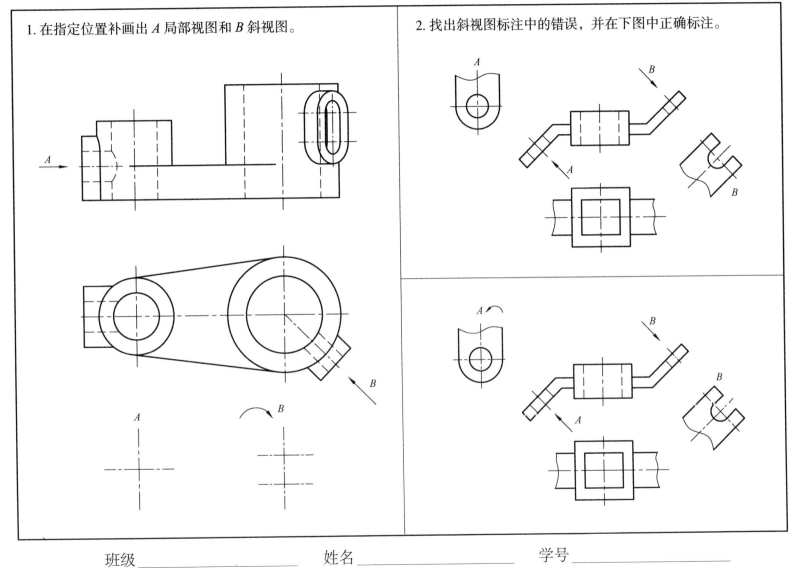

3-4 剖视图

1. 补画剖视图中所缺的图线。
（1）

（2） （3）

2. 将左侧图形的主视图改为剖视图，从 A 和 B 中选择正确的剖视图。

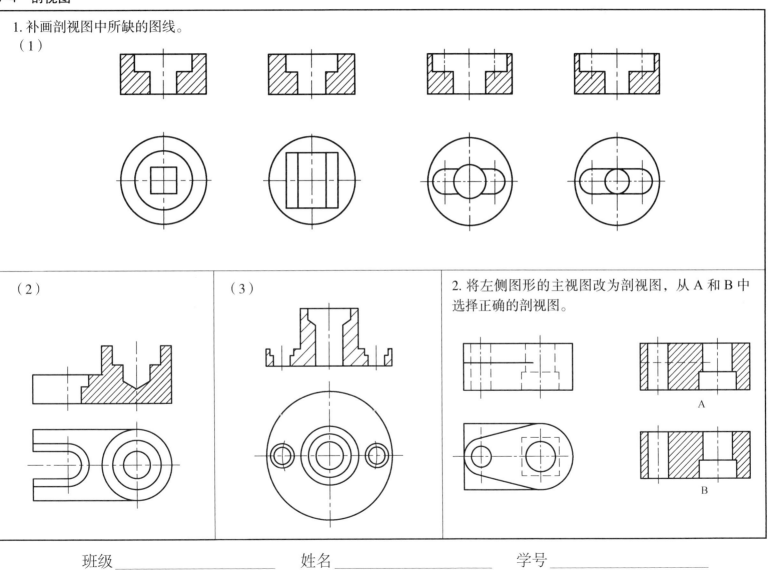

班级_____ 姓名_____ 学号_____

3-5 全剖视图（一）
在指定位置将主视图改为全剖视图。

(1)

(2)

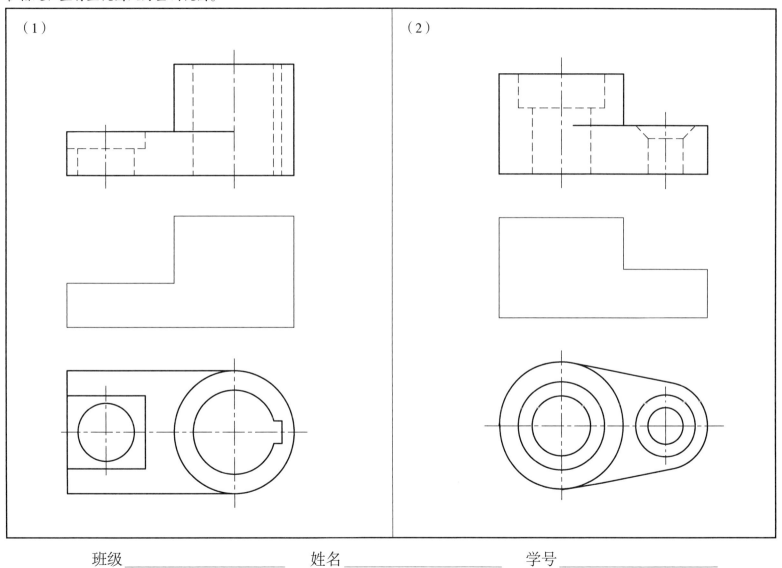

班级_____ 姓名_____ 学号_____

3-6 全剖视图（二）

在指定位置将主视图改为全剖视图。

（1）

（2）

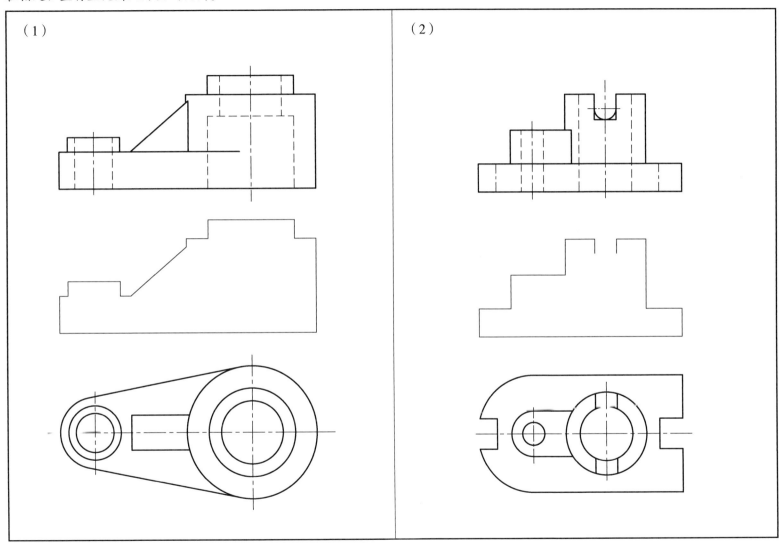

班级＿＿＿＿＿＿＿＿ 姓名＿＿＿＿＿＿＿＿ 学号＿＿＿＿＿＿＿＿

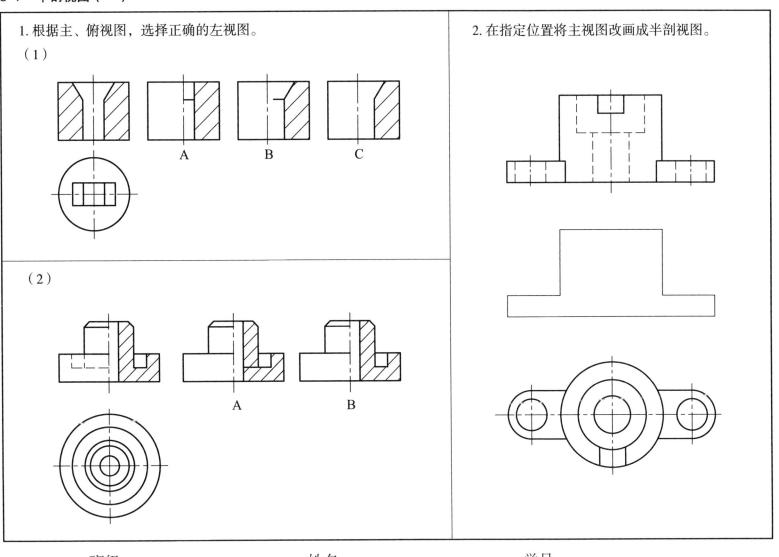

3-8 半剖视图（二）

1. 在指定位置将主视图改画成半剖视图。

2. 在指定位置将主视图改画成半剖视图，并作全剖左视图。

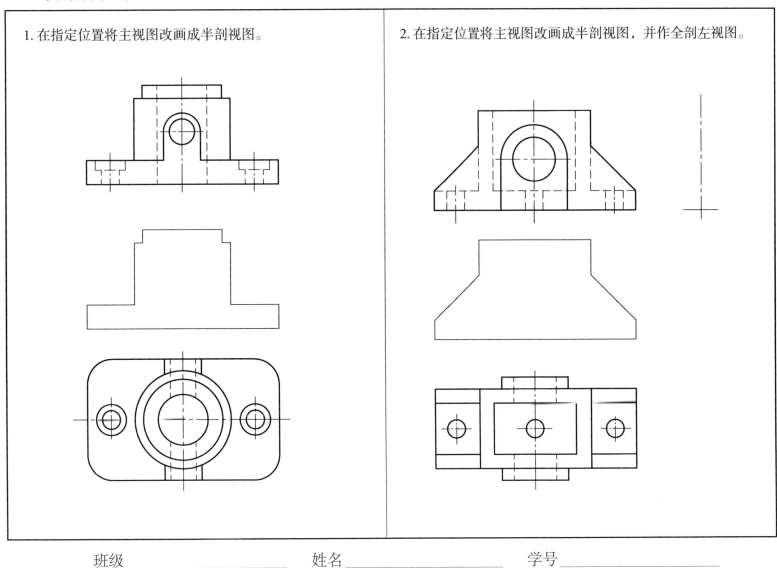

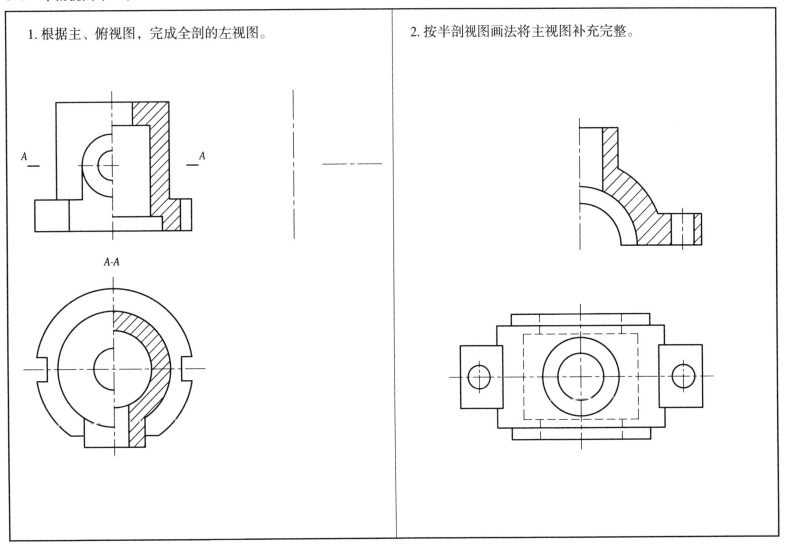

3-10 局部剖视图（一）

选择正确的局部剖视图，并在括号内打"√"。

(1) （ ） （ ） （ ） （ ）

(2) （ ） （ ） （ ） （ ）

(3) （ ） （ ） （ ） （ ）

班级_____ 姓名_____ 学号_____

3-11　局部剖视图（二）

1. 分析图中波浪线画法的错误，在指定位置画出正确的局部剖视图（剖切位置和范围不变）。

（1）

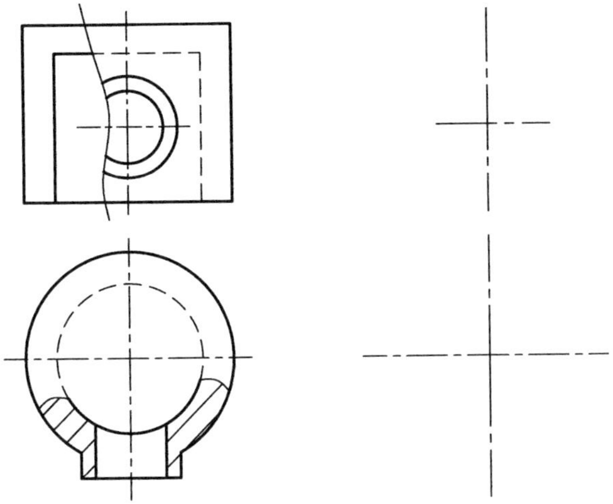

（2）

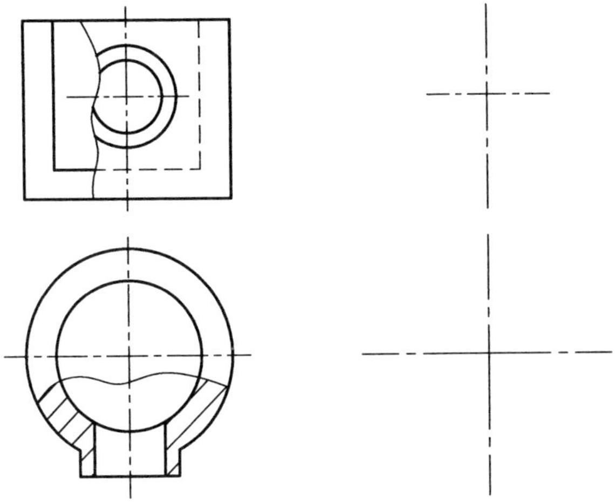

2. 将视图改画成局部剖视图（在原图中改画，不要的线条打"×"）。

（1）

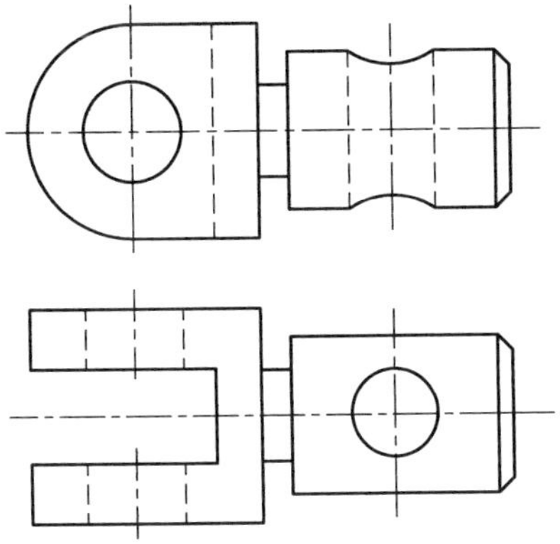

（2）

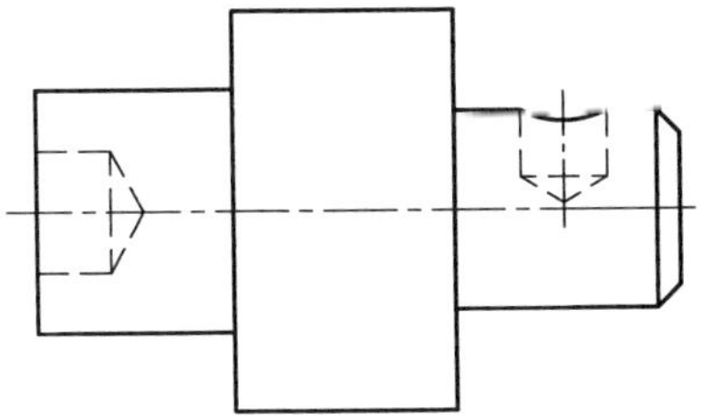

班级＿＿＿＿＿＿＿＿　姓名＿＿＿＿＿＿＿＿　学号＿＿＿＿＿＿＿＿

111

3-12 单一剖切平面
用单一剖切平面画剖视图。

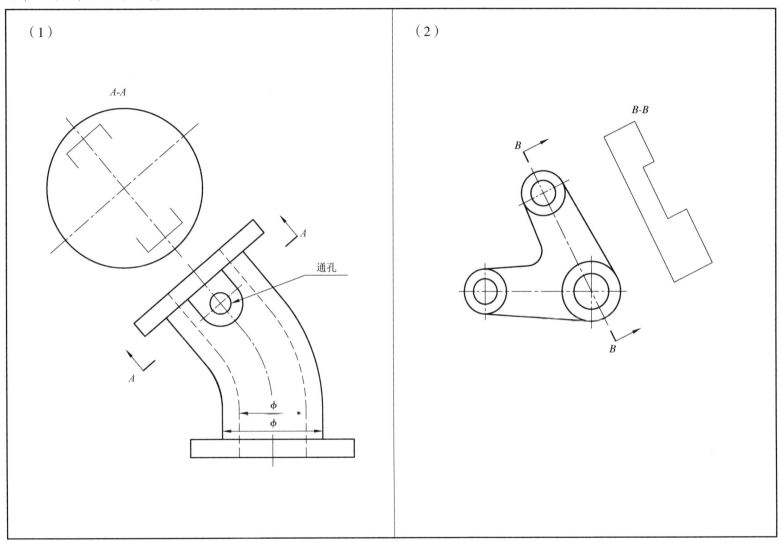

（1）

（2）

班级_____ 姓名_____ 学号_____

3-13 几个平行的剖切平面（一）
用几个平行的剖切平面将主视图改画成剖视图。

(1)

(2)

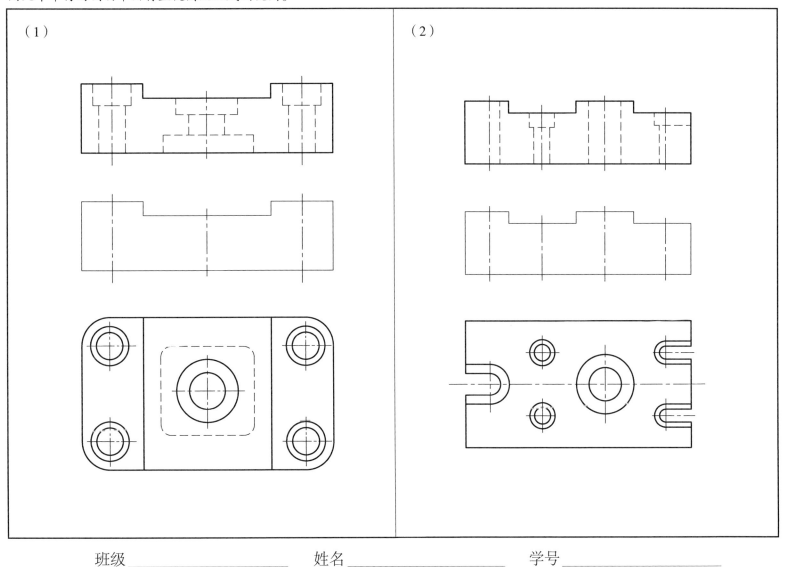

班级＿＿＿＿＿＿＿＿＿＿ 姓名＿＿＿＿＿＿＿＿＿＿ 学号＿＿＿＿＿＿＿＿＿＿

3-14 几个平行的剖切平面（二）
用几个平行的剖切平面将主视图改画成剖视图。

(1)

(2)

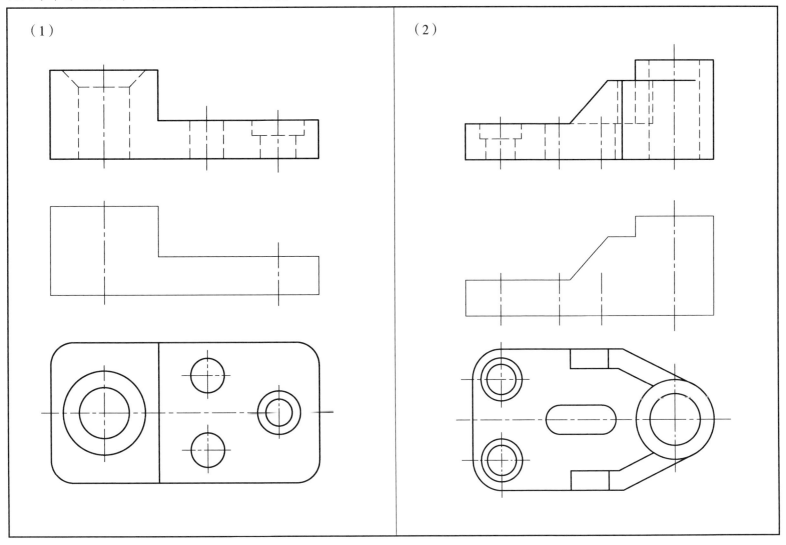

班级_____ 姓名_____ 学号_____

3-15 几个相交的剖切平面（一）
用几个相交的剖切平面将主视图改画成剖视图。

（1）

（2）

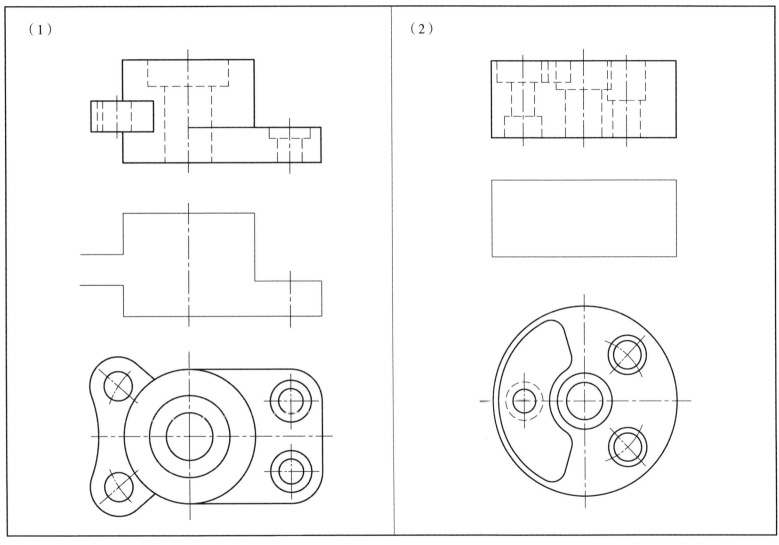

班级_____ 姓名_____ 学号_____

3-16 几个相交的剖切平面（二）
用几个相交的剖切平面将主视图改画成剖视图。

(1)

(2)

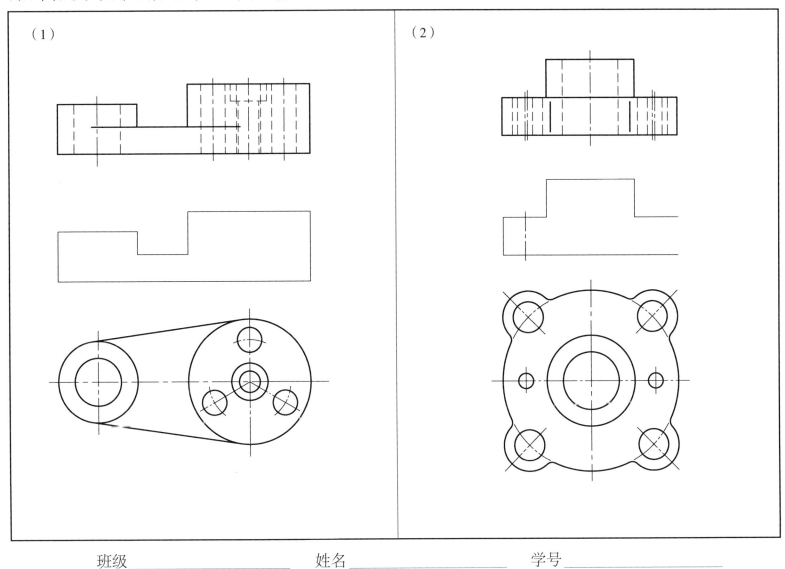

3-17 断面图（一）

画出指定位置的移出断面图。

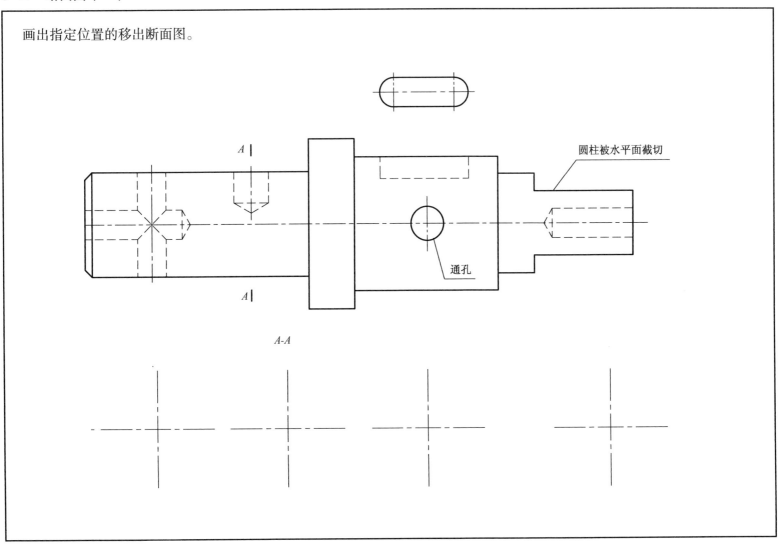

A-A

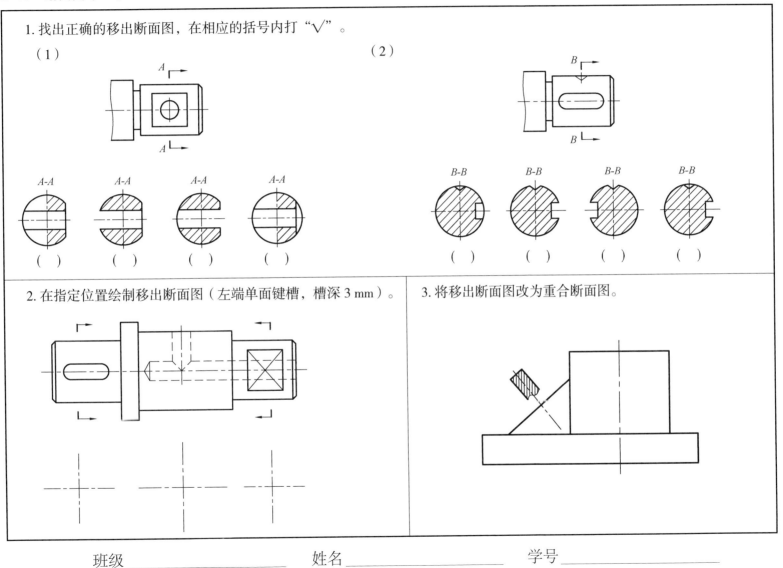

3-19 剖视图简化画法
分析剖视图中画法的错误，在指定位置画出正确的剖视图。

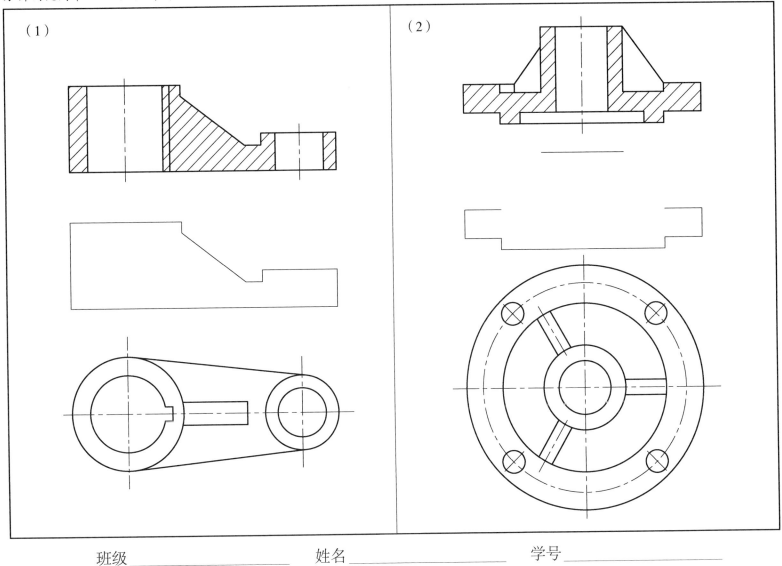

班级＿＿＿＿＿＿　　姓名＿＿＿＿＿＿＿　　学号＿＿＿＿＿＿

3-20 优化表达方案（一）
根据所给三视图，选择适当的表达方法，重新将机件表达清楚。

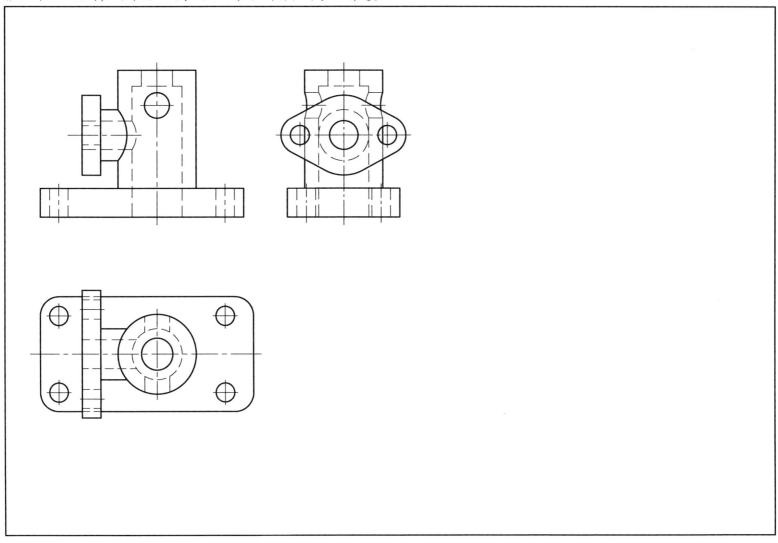

班级_____ 姓名_____ 学号_____

3-21 优化表达方案（二）

根据立体图，选择适当的表达方法，将机件表达清楚。

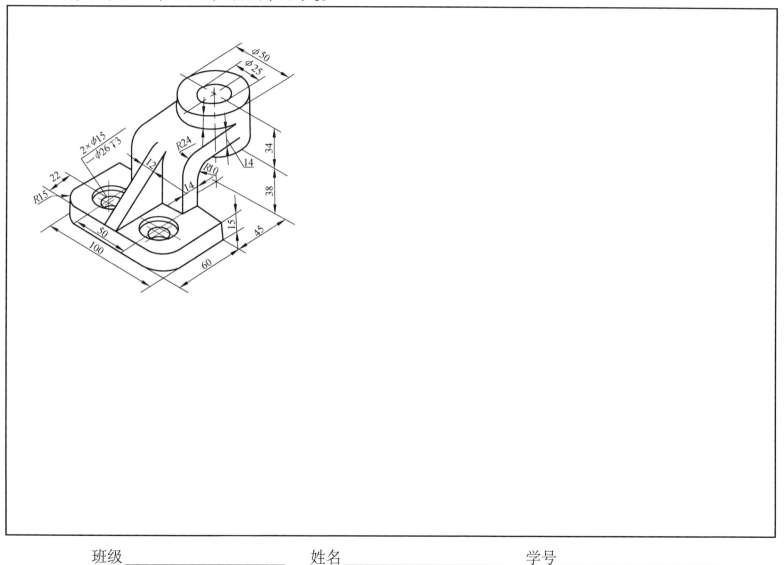

班级_____ 姓名_____ 学号_____

项目四　绘制常用件和标准件

4-1　螺纹画法

找出外螺纹画法中的错误,在指定位置画出正确的图形。

（1）

（2）

班级_____　姓名_____　学号_____

4-2 螺纹联接画法

找出螺纹联接画法中的错误，在指定位置画出正确的图形。

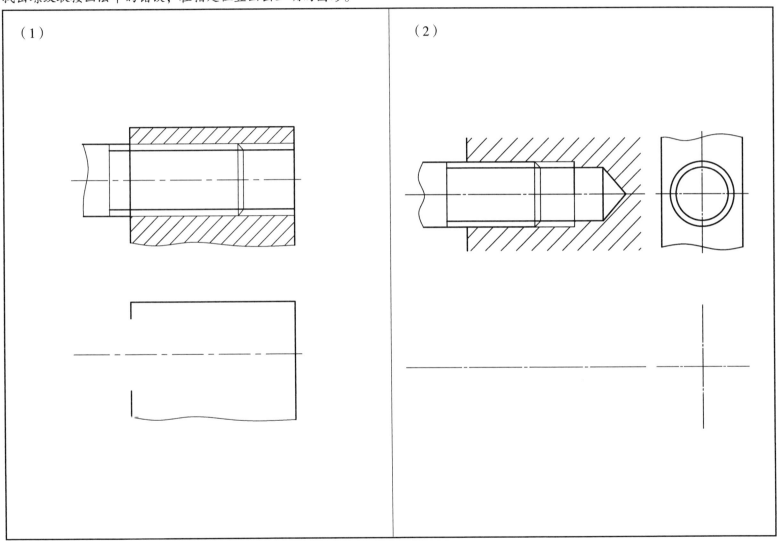

4-3 螺纹标记的含义
说明下列各图中螺纹标记的含义。

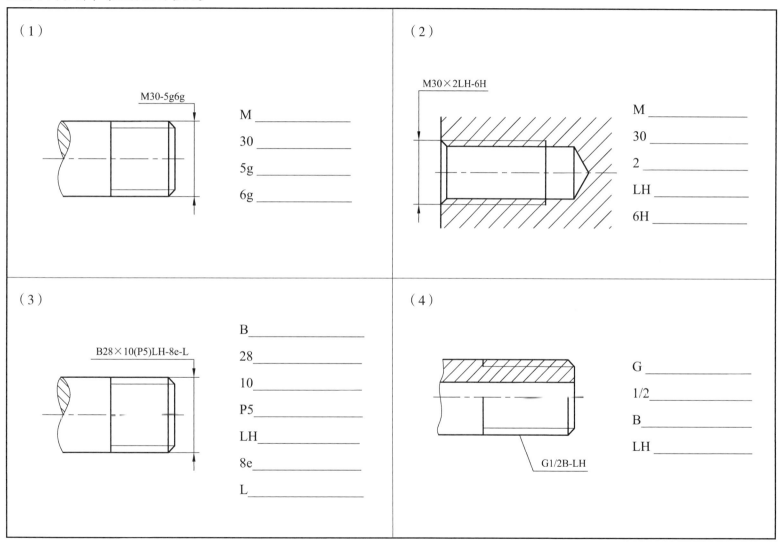

4-4 螺纹标注（一）

标注下列螺纹的尺寸。

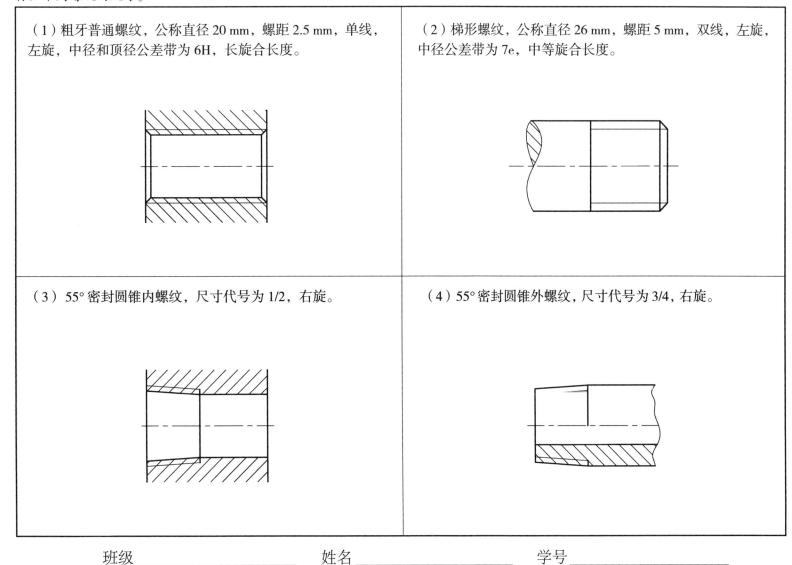

（1）粗牙普通螺纹，公称直径 20 mm，螺距 2.5 mm，单线，左旋，中径和顶径公差带为 6H，长旋合长度。

（2）梯形螺纹，公称直径 26 mm，螺距 5 mm，双线，左旋，中径公差带为 7e，中等旋合长度。

（3）55°密封圆锥内螺纹，尺寸代号为 1/2，右旋。

（4）55°密封圆锥外螺纹，尺寸代号为 3/4，右旋。

班级＿＿＿＿＿＿ 姓名＿＿＿＿＿＿ 学号＿＿＿＿＿＿

4-5 螺纹标注（二）

查表标注螺纹紧固件的部分尺寸，并写出其规定标记。

（1）C级六角头螺栓（GB/T 5780—2016）。

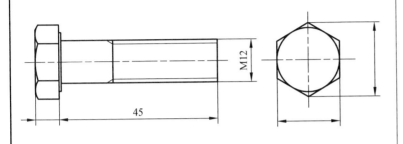

规定标记_____

（2）1型螺母（GB/T 6170—2015）。

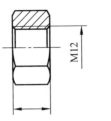
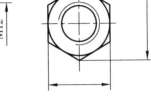

规定标记_____

（3）双头螺柱（GB/T 898—1988）。

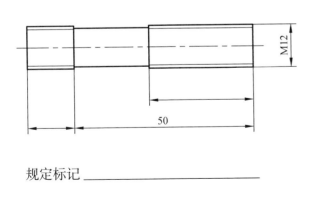

规定标记_____

（4）平垫圈 A级（GB/T 97.1—2002，公称规格为14 mm）。

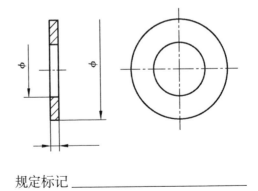

规定标记_____

班级_____ 姓名_____ 学号_____

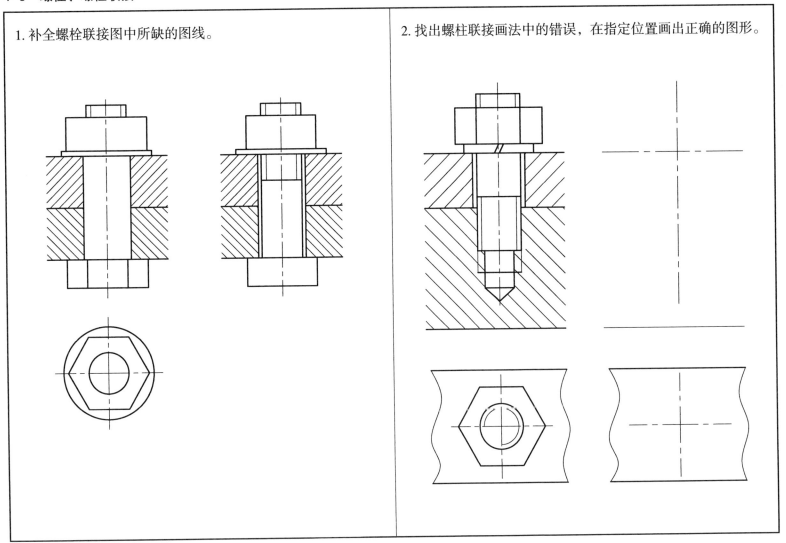

4-7 螺纹联接

1. 找出螺钉联接画法中的错误，在指定位置画出正确的图形。

2. 作螺柱联接的主、俯视图。其中主视图为全剖视图，俯视图为外形图。已知双头螺柱 GB/T 898 M20，螺母 GB/T 6170 M20，垫圈 GB/T 97.1 20，被联接件材料为钢，厚度为 20 mm，宽度为 30 mm，螺柱长度经计算后取整数。

班级＿＿＿＿＿＿＿＿＿＿ 姓名＿＿＿＿＿＿＿＿＿＿ 学号＿＿＿＿＿＿＿＿＿＿

4–8　单个直齿圆柱齿轮

已知标准直齿圆柱齿轮 $m=3$，$z=30$，计算该齿轮的分度圆、齿顶圆和齿根圆的直径，并补全两视图（按1:1比例）。

分度圆 $d=$

齿顶圆 $d_a=$

齿根圆 $d_f=$

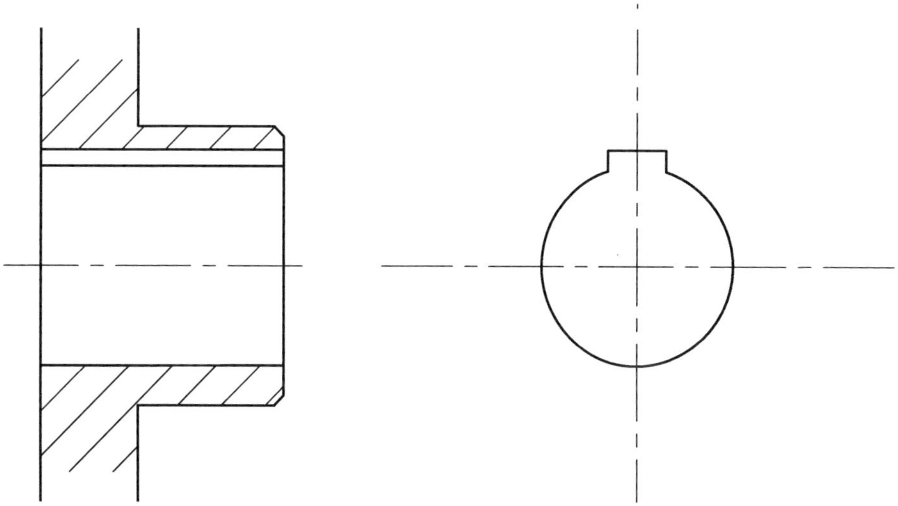

班级＿＿＿＿＿＿＿＿＿＿　姓名＿＿＿＿＿＿＿＿＿＿　学号＿＿＿＿＿＿＿＿＿＿

4-9 齿轮啮合

已知标准直齿圆柱大齿轮 $m=3$,$z_1=26$,小齿轮 $z_2=14$,两轮宽度相等,中心距 $a=60$ mm,试计算出大、小齿轮各参数,并补全齿轮啮合图。

大齿轮：

分度圆 $d_1=$

齿顶圆 $d_{a1}=$

齿根圆 $d_{f1}=$

小齿轮：

分度圆 $d_2=$

齿顶圆 $d_{a2}=$

齿根圆 $d_{f2}=$

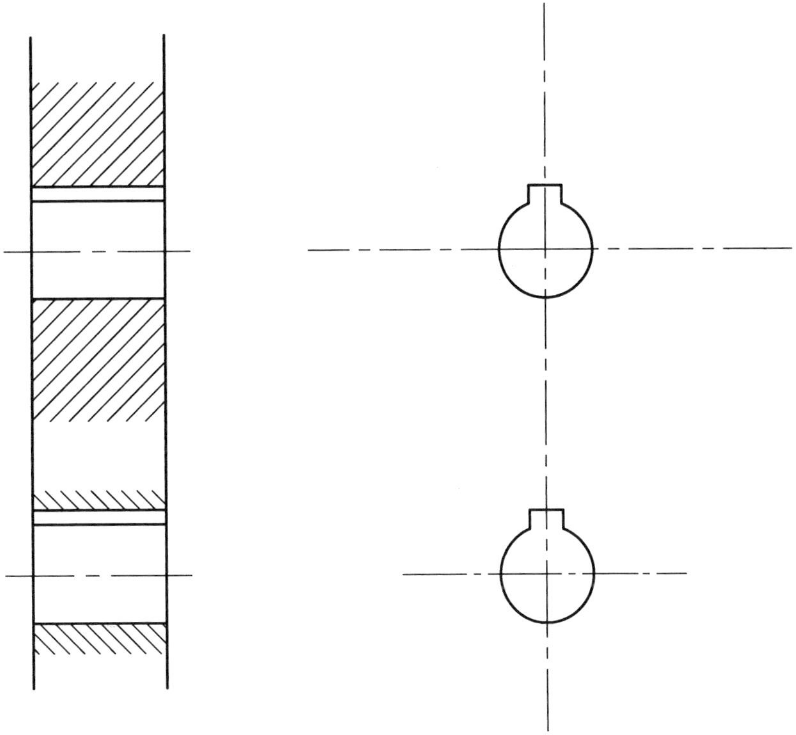

班级_____ 姓名_____ 学号_____

4–10 滚动轴承

1. 说明下面滚动轴承基本代号的含义。

（1）51203

　　内径：

　　尺寸系列：

　　轴承类型：

（2）30312

　　内径：

　　尺寸系列：

　　轴承类型：

（3）206

　　内径：

　　尺寸系列：

　　轴承类型：

2. 已知阶梯轴左端轴肩处的直径为40 mm，试用规定画法补全滚动轴承的图形。滚动轴承标记为6308。

4-11 键联接

已知齿轮和轴用 A 型普通平键联接，轴、孔直径均为 30 mm，键的尺寸为 8 mm × 7 mm × 25 mm，试将联接图补充完整（按 1∶1 比例）。

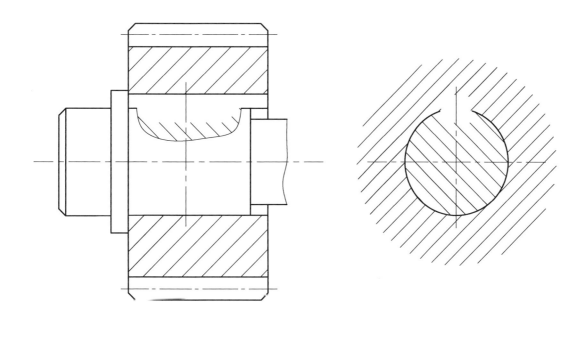

班级_____ 姓名_____ 学号_____

4-12 销联接

已知齿轮和轴用圆柱销联接，销的公称直径为 8 mm，公差 m6，公称长度为 40 mm，材料为钢，不经淬火，不经表面处理，试补全圆柱销联接的剖视图，并写出圆柱销的规定标记（按1:1比例）。

销的规定标记 _____

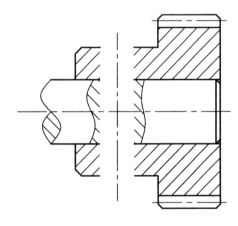

班级 _____ 姓名 _____ 学号 _____

项目五　绘制与识读零件图和装配图

5-1　零件表达方案（一）

电梯曳引轮属于何种类型的零件？试分析其结构及表达方案。

分析零件结构：_____

_____

确定表达方案：_____

_____

_____

班级_____　姓名_____　学号_____

5-2 零件表达方案（二）

已知阀体零件，材料为HT200，试分析零件结构，确定表达方案，并绘制零件图。

5-3 零件图尺寸标注（一）

补全零件图上的尺寸（数值从图中按1:1比例量取后取整数）。

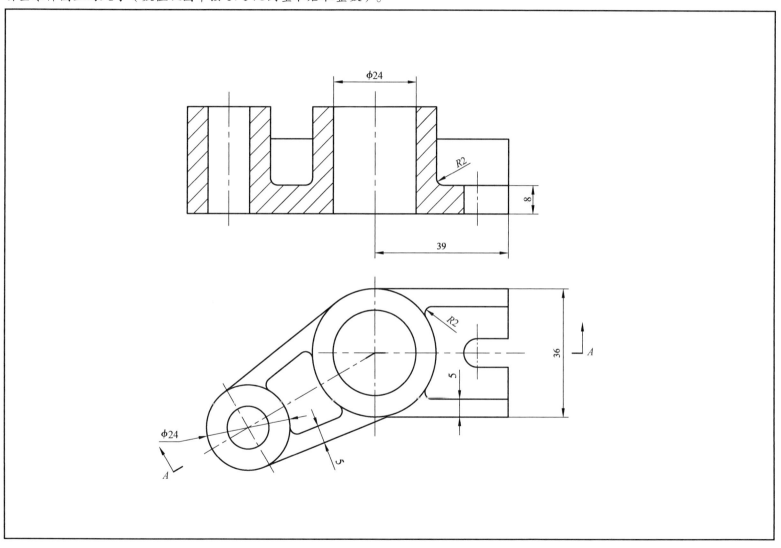

班级_____ 姓名_____ 学号_____

5-4 零件图尺寸标注（二）

补全零件图上的尺寸（数值从图中按1:1比例量取后取整数）。

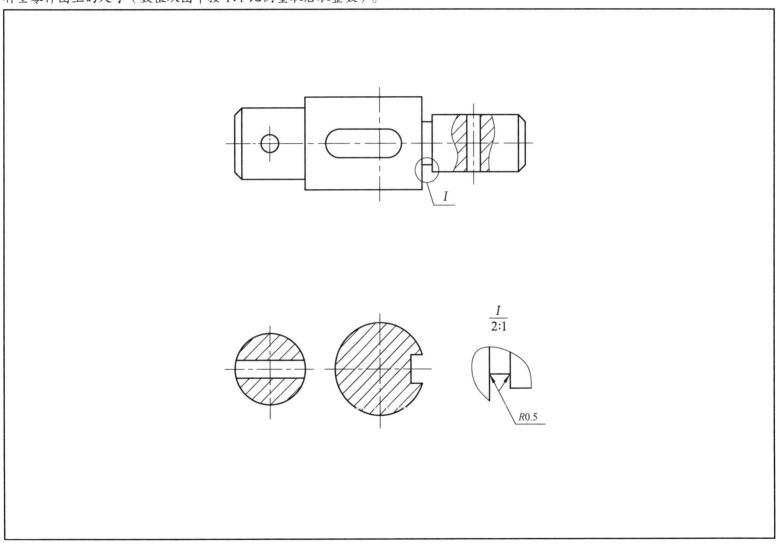

5-5 极限与配合

1. 根据所给条件填空。

孔或轴	$\phi 50\dfrac{H7}{g6}$		$\phi 30\dfrac{H7}{k6}$		$\phi 100\dfrac{S7}{h6}$		$\phi 46\dfrac{H7}{p6}$		$\phi 72\dfrac{H8}{h7}$	
	孔	轴	孔	轴	孔	轴	孔	轴	孔	轴
公称尺寸										
上极限偏差										
下极限偏差										
公差										
配合制										
配合类别										
公差带图										

班级_____ 姓名_____ 学号_____

（续上页）

2. 根据装配图中的配合代号，查表得极限偏差后标注在零件图上，并填空。

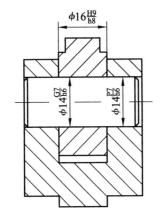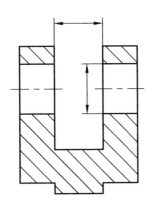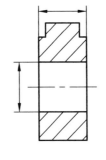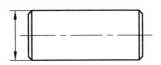

$\phi 16\dfrac{H9}{h8}$ 是基（　　）制，孔与轴是（　　）配合。孔的基本偏差代号是（　　），公差等级为（　　）。

$\phi 14\dfrac{G7}{h6}$ 是基（　　）制，孔与轴是（　　）配合。轴的基本偏差代号是（　　），公差等级为（　　）。

$\phi 14\dfrac{P7}{h6}$ 是基（　　）制，孔与轴是（　　）配合。孔的基本偏差代号是（　　），公差等级为（　　）。

班级＿＿＿＿＿＿＿＿　姓名＿＿＿＿＿＿＿＿　学号＿＿＿＿＿＿＿＿

5-6 标注表面粗糙度（一）
分析左图中表面粗糙度标注的错误，在右图中正确标注。

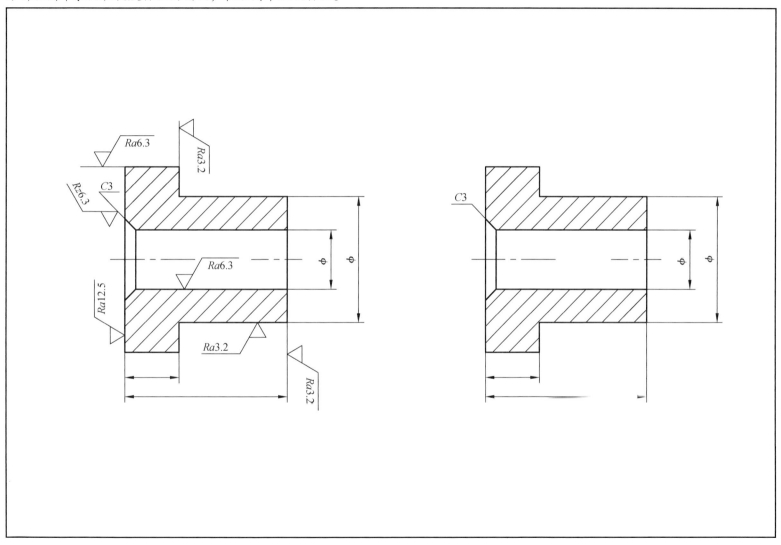

5-7 标注表面粗糙度（二）
按要求标注零件的表面粗糙度符号。

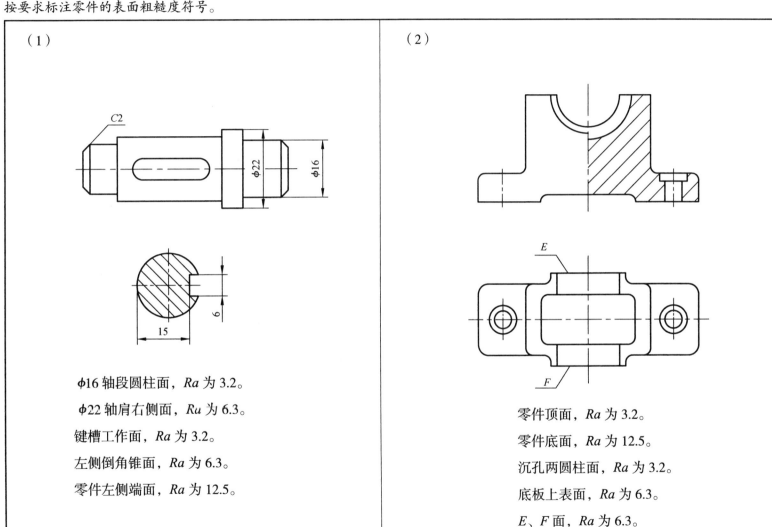

(1)

φ16 轴段圆柱面，Ra 为 3.2。

φ22 轴肩右侧面，Ra 为 6.3。

键槽工作面，Ra 为 3.2。

左侧倒角锥面，Ra 为 6.3。

零件左侧端面，Ra 为 12.5。

(2)

零件顶面，Ra 为 3.2。

零件底面，Ra 为 12.5。

沉孔两圆柱面，Ra 为 3.2。

底板上表面，Ra 为 6.3。

E、F 面，Ra 为 6.3。

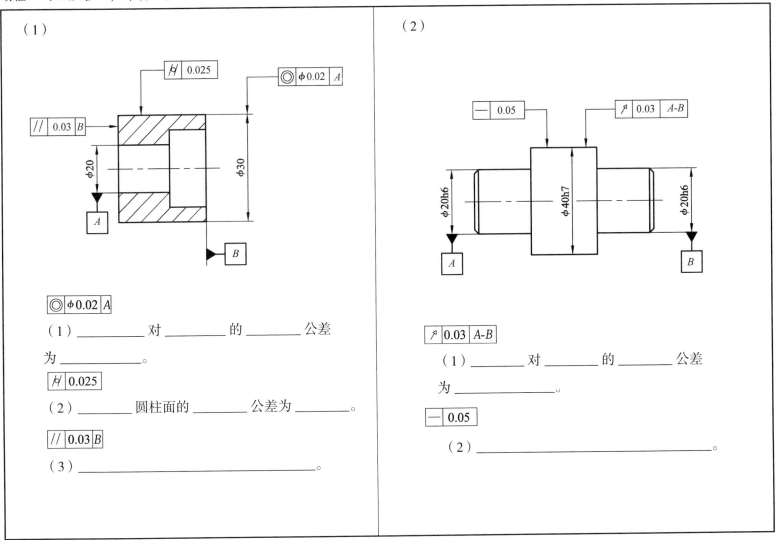

5-9 标注几何公差

将文字说明的几何公差以框格形式标注在图形上。

(1)

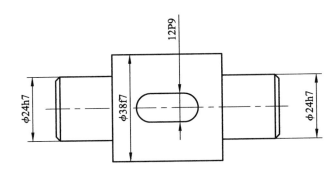

（1）两φ24h7 轴线的同轴度公差为φ0.02 mm。

（2）12P9 键槽对φ38f7 轴线的对称度公差为 0.01 mm。

(2)

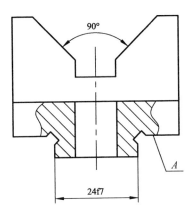

（1）平面 A 的平面度公差为 0.03 mm。

（2）24f7 对称中心面对平面 A 的垂直度公差为 0.02 mm。

（3）90° V 形槽对 24f7 对称中心面的对称度公差为 0.05 mm。

5-10 识读零件图（一）

读导向带轮轴零件图，并回答问题。

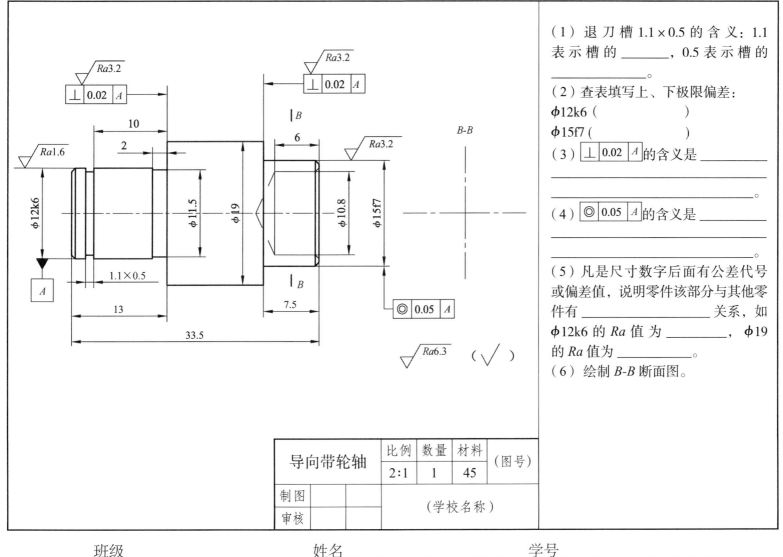

（1）退刀槽 1.1×0.5 的含义：1.1 表示槽的_____，0.5 表示槽的_____。

（2）查表填写上、下极限偏差：
φ12k6（　　　　　）
φ15f7（　　　　　）

（3）⊥ 0.02 A 的含义是_____。

（4）◎ 0.05 A 的含义是_____。

（5）凡是尺寸数字后面有公差代号或偏差值，说明零件该部分与其他零件有_____关系，如 φ12k6 的 Ra 值为_____，φ19 的 Ra 值为_____。

（6）绘制 B-B 断面图。

班级_____ 姓名_____ 学号_____

177

5-11 识读零件图(二)

读轴承盖零件图,并回答问题。

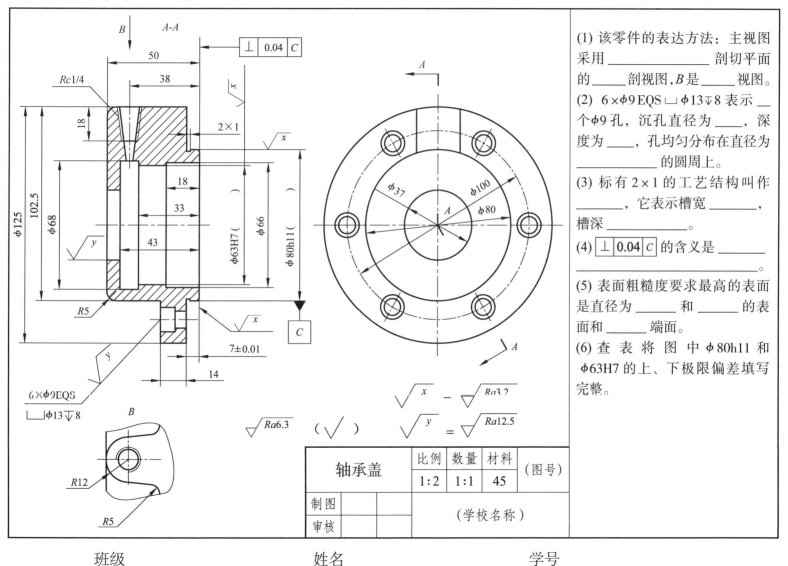

(1) 该零件的表达方法:主视图采用_____剖切平面的_____剖视图,B是_____视图。
(2) 6×φ9EQS⌴φ13↓8 表示____个φ9孔,沉孔直径为____,深度为____,孔均匀分布在直径为_____的圆周上。
(3) 标有2×1的工艺结构叫作_____,它表示槽宽_____,槽深_____。
(4) ⊥|0.04|C 的含义是_____。
(5) 表面粗糙度要求最高的表面是直径为____和____的表面和____端面。
(6) 查表将图中φ80h11和φ63H7的上、下极限偏差填写完整。

5–12 识读零件图（三）
读泵体零件图，并回答问题。

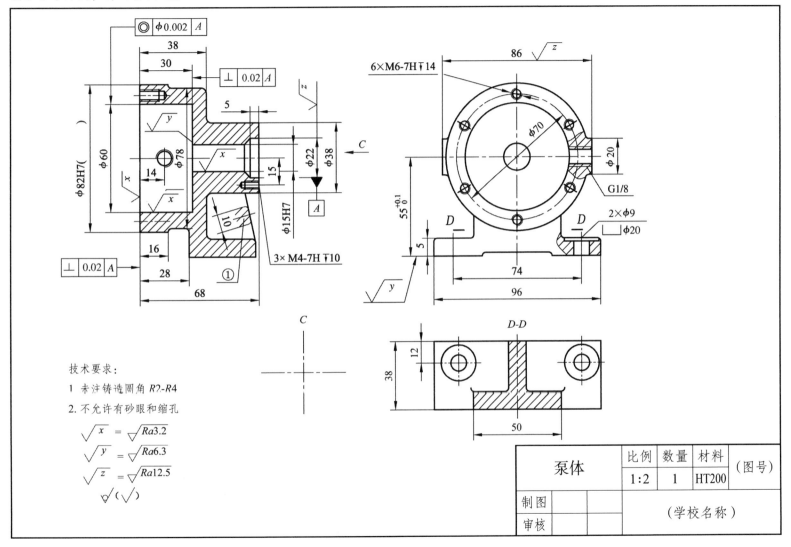

（续上页）

（1）该零件图名称为_____，材料为_____，比例为_____。

（2）在指定位置绘制 C 视图，C 视图为_____视图，零件共用了_____个视图表达。主视图采用_____视图，表达零件的内部结构；左视图采用_____视图，表达前后螺纹孔及底板安装孔的结构。

（3）①处采用的画法是_____。主视图中肋板因是_____剖切，所以不绘制剖面线，D-D 视图中肋板是_____剖切。

（4）6×M6-7H▽14 表示_____螺纹，螺纹孔数量为_____个，14 表示_____，螺纹孔分布圆周直径为_____。泵体右端螺纹孔直径为_____，数量为_____个，分布圆周直径为_____。

（5）查表将图中 ϕ82H7 的极限偏差补充完整。

（6）泵体底面的表面粗糙度 Ra 值为_____，ϕ60 圆孔的表面粗糙度 Ra 值为_____。

（7）◎|ϕ0.002|A| 的含义是_____相对_____的_____公差为_____。

班级_____ 姓名_____ 学号_____

5-13 识读装配图

根据千斤顶立体图,读其装配图,并回答问题。

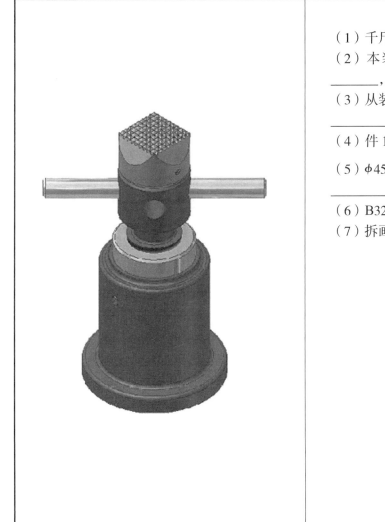

(1)千斤顶由 ＿＿＿ 种零件组成,标准件有 ＿＿＿＿ 种。
(2)本装配图共用 ＿＿＿ 个图形表达,主视图采用的表达方法是 ＿＿＿＿＿,件6 A 采用的表达方法是 ＿＿＿＿＿。
(3)从装配图中可知,通过旋转件8铰杠,使 ＿＿＿＿ 转动;通过 ＿＿＿＿ 和 ＿＿＿＿ 之间的旋合,就可以使顶垫上升而顶起重物。
(4)件1挡圈的作用是 ＿＿＿＿＿＿＿＿＿＿。
(5)$\phi 45 \frac{H7}{k6}$ 是 ＿＿＿＿＿ 和 ＿＿＿＿＿ 相配合的配合尺寸,是基 ＿＿＿＿＿ 制 ＿＿＿＿＿ 配合。
(6)B32×6表示 ＿＿＿ 螺纹,32表示 ＿＿＿,6表示 ＿＿＿＿。
(7)拆画件3底座或件5螺杆零件图(只注尺寸线,不注尺寸数字)。

班级＿＿＿＿＿＿＿＿ 姓名＿＿＿＿＿＿＿＿ 学号＿＿＿＿＿＿＿＿

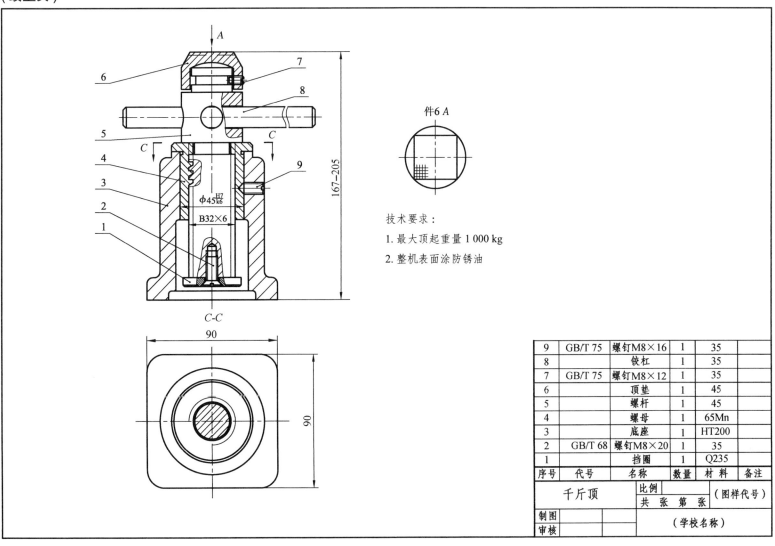

5-14 读夹线体装配图，并回答问题

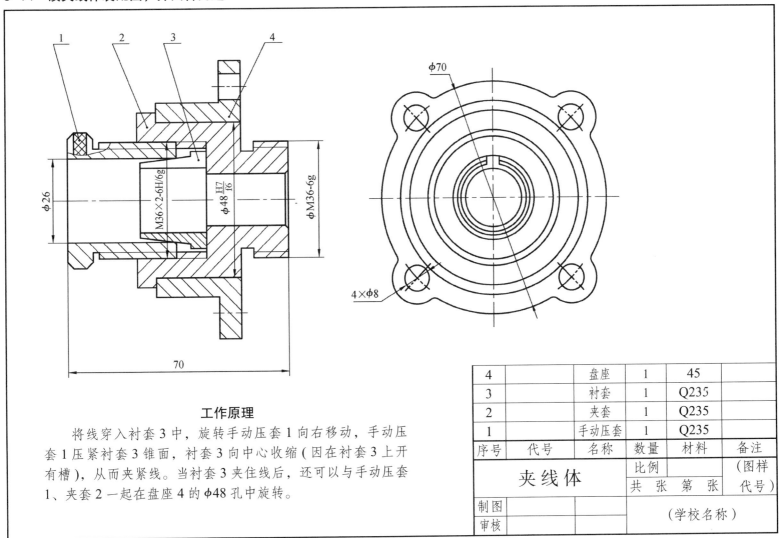

工作原理

将线穿入衬套 3 中，旋转手动压套 1 向右移动，手动压套 1 压紧衬套 3 锥面，衬套 3 向中心收缩（因在衬套 3 上开有槽），从而夹紧线。当衬套 3 夹住线后，还可以与手动压套 1、夹套 2 一起在盘座 4 的 φ48 孔中旋转。

4		盘座	1	45	
3		衬套	1	Q235	
2		夹套	1	Q235	
1		手动压套	1	Q235	
序号	代号	名称	数量	材料	备注

夹线体

（续上页）

（1）夹线体由 _____ 种零件组成。

（2）本装配图共用 _____ 个图形表达，主视图采用的表达方法是 _____。

（3）件1手动压套的作用是 _____。

（4）$\phi 48 \frac{H7}{f6}$ 是 _____ 和 _____ 相配合的配合尺寸，是基 _____ 制 _____ 配合。

（5）$4 \times \phi 8$ 是 _____ 尺寸，$\phi 70$ 是 _____ 尺寸。

（6）M36×2-6H/6g 表示 _____ 的外螺纹和 _____ 的内螺纹旋合，M表示 _____ 螺纹，36表示 _____，2表示 _____。

（7）拆画件2夹套零件图（只注尺寸线，不注尺寸数字）。

5-15 读换向阀装配图，并回答问题

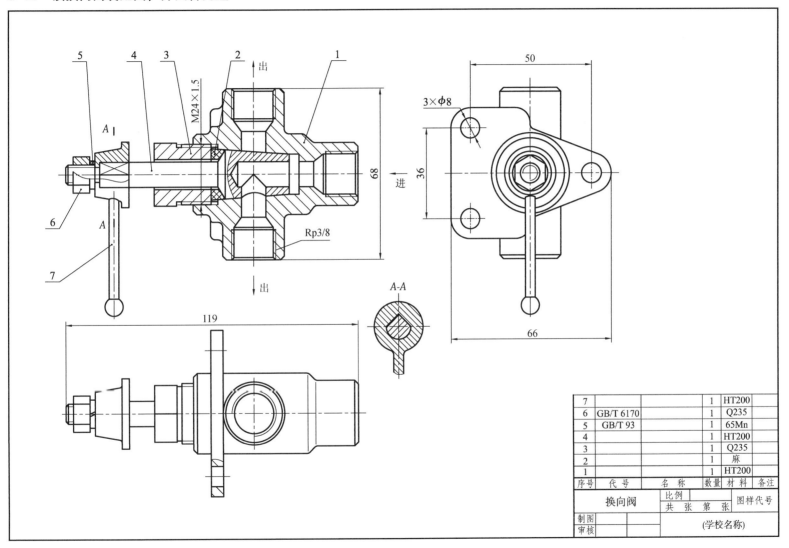

班级_____ 姓名_____ 学号_____

（续上页）

　　工作原理：换向阀用于流体管路中控制流体的输出方向。如上页图中所示，流体从件 1 阀体进口流入，经过件 4 阀芯从件 1 阀体下出口流出。当转动件 7 手柄，使件 4 阀芯旋转 180°，其圆孔和件 1 阀体上出口相连，流体从上出口流出。通过控制手柄转动角度可以调节出口的流量。

（1）换向阀由 _____ 种零件装配而成，其中件号 _____ 是标准件，件号 _____ 是常用件。

（2）本装配图共用 ____ 个图形表达，主视图采用的表达方法是 _____。A-A 断面主要表达了 _____ 和 _____ 的装配关系。左视图主要表达了 _____。

（3）119、66 是 _____ 尺寸。

（4）Rp3/8 是换向阀的规格尺寸，Rp 是 _____ 螺纹，3/8 是 _____ 代号。

（5）3×φ8 的作用是 _____，其定位尺寸为 _____。

（6）若要拆卸件 4 阀芯，需要先拆卸 _____，再旋出 _____，取出 _____，然后取出阀芯。

（7）拆画件 4 阀芯零件图（只注尺寸线，不注尺寸数字）。

班级 _____　　姓名 _____　　学号 _____

项目六 识读电梯和自动扶梯、自动人行道土建图

6-1 识读电梯土建布置图

识读下列电梯土建布置图,并回答问题。

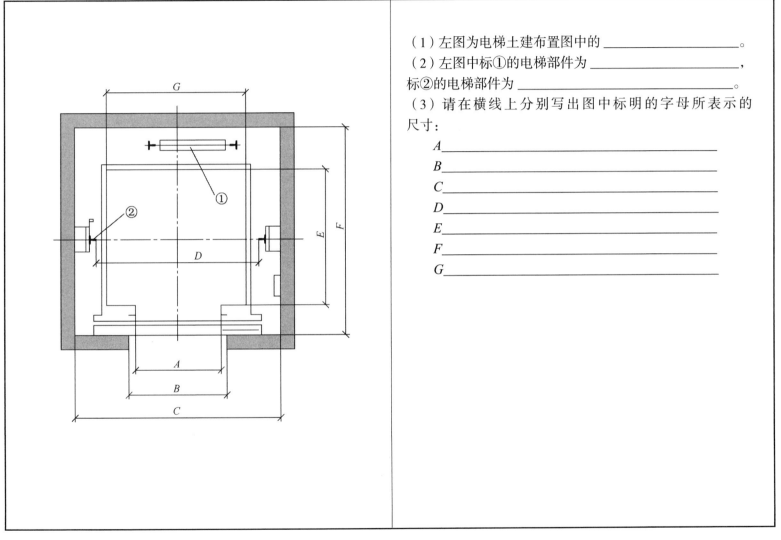

(1)左图为电梯土建布置图中的_____。
(2)左图中标①的电梯部件为_____,标②的电梯部件为_____。
(3)请在横线上分别写出图中标明的字母所表示的尺寸:
  A_____
  B_____
  C_____
  D_____
  E_____
  F_____
  G_____

班级_____ 姓名_____ 学号_____

（续上页）

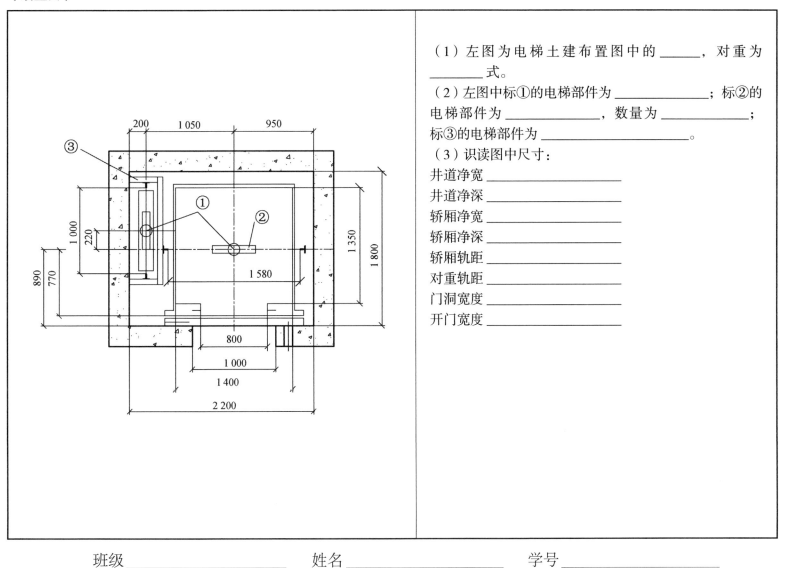

（1）左图为电梯土建布置图中的_____，对重为_____式。

（2）左图中标①的电梯部件为_____；标②的电梯部件为_____，数量为_____；标③的电梯部件为_____。

（3）识读图中尺寸：

井道净宽_____

井道净深_____

轿厢净宽_____

轿厢净深_____

轿厢轨距_____

对重轨距_____

门洞宽度_____

开门宽度_____

班级_____ 姓名_____ 学号_____

（续上页）

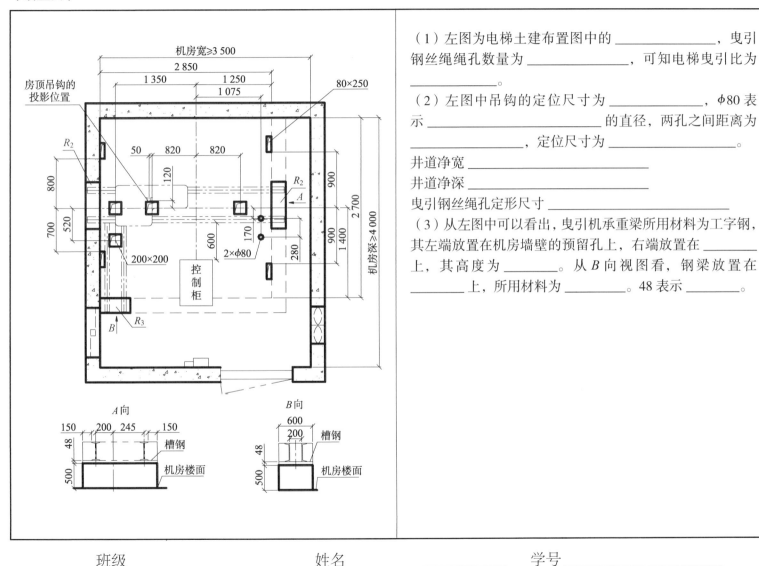

（1）左图为电梯土建布置图中的_____，曳引钢丝绳绳孔数量为_____，可知电梯曳引比为_____。

（2）左图中吊钩的定位尺寸为_____，φ80 表示_____的直径，两孔之间距离为_____，定位尺寸为_____。
井道净宽_____
井道净深_____
曳引钢丝绳孔定形尺寸_____

（3）从左图中可以看出，曳引机承重梁所用材料为工字钢，其左端放置在机房墙壁的预留孔上，右端放置在_____上，其高度为_____。从 B 向视图看，钢梁放置在_____上，所用材料为_____。48 表示_____。

班级_____ 姓名_____ 学号_____

(续上页)

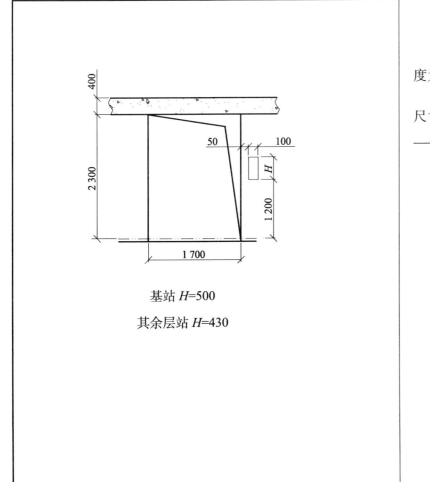

基站 $H=500$

其余层站 $H=430$

（1）左图为电梯土建布置图中的_____，门洞宽度为_____，门洞高度为_____。

（2）基站的召唤盒留孔定形尺寸为_____，定位尺寸为_____，第三层站召唤盒留孔尺寸为_____。

（3）画出曳引比为 1:1 和 2:1 的曳引传动形式。

班级_____ 姓名_____ 学号_____

6-2 比较电梯土建布置图的不同

比较下面两幅电梯土建布置图，并回答问题。

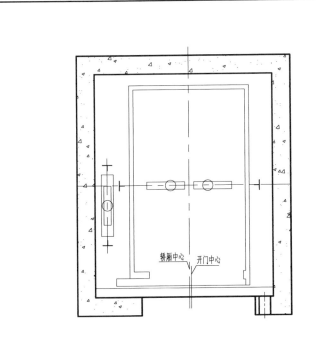
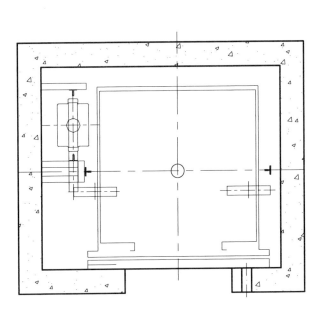

（1）左上图为病床电梯，右上图为乘客电梯，两图均为电梯土建布置图中的_____。
（2）左上图缓冲器数量为_____，反绳轮数量为_____，曳引比为_____。
（3）右上图缓冲器数量为_____，反绳轮数量为_____，曳引比为_____。
（4）试比较两电梯布置上的不同。